知っておきたい

水問題

沖 大幹・姜 益俊〔編著〕

九州大学出版会

まえがき

朝、目が覚めると、いつものように洗面台に向かい、顔を洗ったり、歯磨きをしたり、出かける支度をします。そして、爽やかな気分で、朝食を食べたり、お茶やコーヒーを飲んだりします。何も考えず、当たり前のように行っている毎日の始まりであり、ごく普通の朝の風景です。ここで、少し考えてみましょう。この当たり前すぎる毎朝の準備の中で、最も必要不可欠なものがあるとしたら何だと思いますか？　それは「水」です。もし水がなければ、洗うことも、食べることもできませんが、私たちはそのことに気づくことなく、毎日、生活しています。自宅でも、学校でも、職場でも、どこでも蛇口をひねれば、きれいで安全な水道水が流れてきますから、それをありがたく思うこともなく、使っていることでしょう。しかし、この日本での当たり前が、じつは世界での当たり前ではないのです。

1961年4月、ソビエト連邦の宇宙飛行士が、人類として初めての有人宇宙飛行に成功しました。同年の5月、米国のマーキュリー・レッドストーン3号によって、再び、宇宙飛行士が地球を飛び出し、宇宙空間の飛行に成功しました。その後から現在まで、多くの宇宙飛行士たちは、宇宙空間から見た地球の美しさを「きれいな青い水の惑星」と表現してきました。たしかに、地球は水が溢れていて、青く輝いている水の惑星です。しかし、その大量にある水のうち、人間が手に入れ、使える水は全体量からするとわずかな量と言われています。本書の中で、筆者らが水資源の現状を詳しく述べますが、地球上には約13・9億㎦の水があると言われています。あまりにも単位の大きな数字で、実感がわいてこないでしょう。この膨大な水資源が地球に存在しますが、ほとんどの水は海水であり、人間が直接利用できず、全体の0・01％の水資源を分けあっているのが現状です。多いとは言えない水資源で暮らさないといけない現実のせいで、水をめぐるさまざまな争いが起こっています。

日本は島国で、現在では河川や井戸水などをめぐる紛争は起こりませんが、世界の国同士や地域間では、水資源によるトラブルが多く発生しています。アジア、ヨーロッパ、中東には、数か国をまたがって流れている国際河川と呼ばれる河川が存在します。たとえば中国では水資源を確保するため、チベット高原からインドに流れているヤルノツァンポ川から、ウイグル自治区へ運河を引いて、水資源を確保する構想を持っています。当然のように、インドは強く反発し、東南アジア諸国も国際河川の上流にある中国の動きを非常に警戒しているとの情報があります。それから、ドイツ、オーストリア、ハンガリー、スロバキア、クロアチアなどのヨーロッパ諸国を流れるドナウ川、そしてスイス、ドイツ、オランダを経由して北海にたどりつくライン川でも、時々、大小いろいろな規模の水質汚染の事故が起こっていて、各国は常に安全な水資源の確保に神経を尖らせています。

また、ダム建設が問題となり、流域国間の緊張や対立が広がることもあります。まず、インダス川では、上流のインドがダムを建設し、下流のパキスタンと対立しています。そして、中国はメコン川上流の雲南省にダムを建設し、下流の東南アジア諸国では水量の減少や水質汚染が懸念されています。朝鮮半島では、北朝鮮から韓国に流れる漢江《ハンガン》で、上流の北朝鮮が１９８０年代に巨大なダムを建設し、韓国側の水量が大きく減少しました。さらに、北朝鮮がダムを爆破したり一気に放水したりすることで、韓国側に甚大な被害を与える可能性もたびたび指摘されています。

現在、地球上で暮らしている人々は70億人を超え、さらに増加傾向にあります。さまざまな予測がありますが、早ければ２０５０年には90億人を超えるとの予測も出ていますし、２１００年までに総人口１００億人という予測も存在します。産業革命以降、さまざまな産業活動が飛躍的に活発になり、石炭や石油の使用量も増加してきました。それに伴い、二酸化炭素の排出量も急激な増加傾向を示し、地球全体における気候変動の主な原因だと言われています。さらに、人口増加とともに全世界における安定的な食糧供給も危惧されています。これらの問題に最も関係しているもうひとつの深刻な地球レベルの問題が水の問題です。このように、地球規模の環境問題として、主に気候変動対策、食糧確保、安全な水資源の確保が挙げられ、人類にとってどれも解決しないといけない最重要課題です。

水にかかわる問題は、大きく二つに分けられます。一つ目が水資源そのものの不足です。そもそも多くの人が常に水を得られない状況に置かれています。世界総人口の増加、経済活動の拡大や生活水準の向上などに伴い、水の需要は増える一方です。しかし、世界的に見て、いまだに多くの国々では水不足に悩まされており、２０２５年には世界総人口の約45%以上の人が水不足を感じる水資源の不足状態になると国連は警告しています。もうひとつの問題は、安全な水の確保です。水資源そのものは足りているものの、化学物質の流出、下水処理施設の未整備等の原因により水質がひどく汚染され、その水源を利用できない環境で人々が生活している場合も多々あります。または、汚染されていることを知りながらも、仕方なくその水を利用せざるをえない人々も多くいます。

水のことは、水量にしても、水質の安全にしても、問題を抱えている地域や国に限定された問題のように考えてしまいがちです。十分な量の水が得られず、安全な水にアクセスできないといったストレスを感じない地域や国で生活していると、水問題には何の実感もわいてこなければ馴染みもないでしょう。しかし、世界経済のグローバル化によって、世界各地で生産されるさまざまな農産物、畜産物が飛行機や船などで世界中に供給される時代となっています。二国間以上の交渉により、関税や制限的な通商の規則などを取り除き、自由貿易地域を結成する自由貿易協定（FTA）、米国、オーストラリア、チリなどの10か国以上の参加が見込まれている環太平洋戦略的経済連携協定（TPP）など、世界経済においては急激にさまざまな形で自由な輸出や輸入が促進されています。このような協定の結果、メリット、デメリットが生じると予想されますが、農畜産物に限定して考えると、関税の撤廃や引き下げにより、農産物、畜産の製品がより安く日本に輸入され、消費者の手に届くことは、消費者にとってはメリットといえるでしょう。一方、デメリットを考えてみましょう。農畜産物は非常に多くの水を消費して生産されます。たとえば米1トンを生産するには約2650トンの水を、小麦1トンを生産するには約1150トンの水を必要とします。つまり、常に安定した量の穀物を生産するためには、水の安定的な供給が欠かせない要素です。日本に大量の農産物を輸出している国や地域で、深刻な水不足や水質汚染が発生し、その生産量が減少したと仮定しましょう。その国から日本への輸入量に影響するか、あるいは、その値段にも大きな影響が出始めることでしょう。

財務省の貿易統計によると、2015年度の輸入総額は78兆4055億円であり、農林水産省の発表によると、輸入総額のうち、農産物の輸入総額は6兆5629億円でした。この農産物の輸入金額は2009年のリーマンショックの影響で減少しましたが、2010年から回復、増加傾向に転じ、2015年度に史上最高額を記録しました。その農産物の主な輸入先を輸入額の順で調べると、米国24・5%、中国12・4%、オーストラリア6・9%、タイ6・8%、カナダ6・2%の順でした。この主な輸入国5か国のうち、深刻な水資源の問題が懸念されている国は、米国、中国、オーストラリアであり、この3か国からの農産物の輸入が実に全体の43．8%に上ります。先日、農林水産省は2015年度の食料自給率が、6年連続で39%になっていると発表しました。このデータは食料全体のカロリーベースで計算したものであり、生産額ベースで計算すると60%台になるので、農畜産物の海外依存度の状況をすべて反映しているとは言えませんが、先ほどの5か国など、海外からの農畜産物への依存度が高いことには間違いありません。繰り返しになりますが、農産物、畜産物を生産するためには、大量の水を使う必要があるので、地球の裏側で水資源が不足したり、安全な水資源の確保ができなくなると、農産物や畜産物の生産などへの影響から、食糧の持続的な供給が危惧されることになります。

このように、現在の水問題はもはや地域や国に限定した問題ではありません。ますますグローバル化していく今の国際社会に共通した問題であり、水資源と農業、畜産業との関係、食糧確保との関係をさらに深く考える必要があります。人間活動で用いる水資源の多くは農業に使われており、日本国内だけを例に考えると、水利用の約60%以上が農業で用いられています。世界では水資源全体の約70%が農業用水として利用されており、増加傾向にある世界人口に伴う食糧需要を満たすため、その水の需要が高まるばかりです。

本書では、水資源の現状と農業との関係、今後の水資源の持続可能な利用など、多様な観点から世界規模の水資源問題、そして日本国内や地域における課題を分析しています。地球規模から一般的な水問題を考え、水資源の利用をめぐる国際紛争について紹介します。また、生態系での水資源の調整においてその役割が非常に大きい森林を考え、米国や日本でも深刻化している地下水の問題を取り上げます。そして、日本国内の例としては、水資源に乏しい福岡県糸島半島での水利用を通して、国や地域での取り組みを考えます。最後に、水資源を用いてビジネスを展開している企業の立場から、持続可能な水資源の利用、その取り組みを紹介します。環境問題、社会問題などにも共通していますが、水資源を考える際には、ひとつの視点や専門からでは、問題点を探ることも、解決策を想像することも困難です。本書から、水に関するすべての情報や考え方を得ることはできませんが、多様な視点、さまざまな情報を得ることで、知っておきたい水問題を総合的に考えていただければ幸いに思います。

九州大学　姜　益俊

目次

第1章

水問題とは

水問題の三つの側面

「水」はその姿を海や雲、雪に変えて、地球上を常に循環しており、水文学はこの水循環を対象とする学問です。水に関する問題は世界中で起こっていますが、それらは大きく三つに分類されます。

一つ目の問題は、約6億人あまりの人々が安全な飲み水を容易に確保できない現状があることです。これらの人々は、20Lの安全な水を住居から1㎞以内で確保することが困難であり、生活に必要な水を得るためだけに多くの時間を費やしています。このような状況から、身近に存在する危険な水を飲用することもあり、健康被害の原因にもなっています。特に乳幼児に対する影響は大きく、年間で約30万人あまりの乳児がそのために死亡しているのです。

二つ目の問題は農業生産、工業生産に使われる水が増大していることです。1995年には世界の年間水資源取水量は3800㎦でしたが、2025年には4300〜5200㎦に達するとされています。

三つ目の問題は、水資源における人間の文化的生活と生態系とのバランスです。人間の過大な取水が生態系に大きなダメージを与えることもありますが、生態系サービスという面から、人間の水需要と生態系の保全の双方を満足させる必要があります。

近年は、地球温暖化や都市化の進展に伴って洪水や渇水被害が深刻化しており、これらの問題は今後さらに悪化していく可能性があります。

日本では、かつて多くの施策と多額の投資を行った結果として、現在の水資源の安定的な確保につなげることができました。われわれにできることは、過去の日本と同様の問題を抱えている国々に、自分たちの失敗や教訓を伝えることではないでしょうか。

水汲みをする子どもたち。2010年5月、マリ共和国・ゴロンボ近郊にて撮影。

安全な飲み水

安全な飲み水が容易に得られない家庭環境では、一家族が必要な水を得るために1日3時間以上を費やすこともあります。水を汲みに行くのは母親と子どもの仕事であり、女性の社会進出や学業の大きな妨げとなっているのです。

また、貧困国の一般家庭において、水の購入は経済的な理由から困難な場合が多く、貧しい社会や、経済の低成長が続いている国では、インフラへの投資が不十分となることから生活環境が悪化しがちです。

生産性が低下し収益が減少することにより経済成長がさらに滞り、その結果、経済の低成長の悪循環が発生します。一方で、インフラ投資により、安定的に水を供給できるようになると、水汲みの重労働から解放されるため、生活環境改善や、教育水準の向上が期待されます。

また、前述のように水汲みは女性の仕事となっている場合も多く、経済問題であると同時にジェンダーの問題でもあります。水インフラの改善により女性の社会進出が進み、出生率も低下するため、人口爆発の抑制も期待されます。このように水インフラの整備は経済成長を強く促す効果を持つため、国際社会は積極的に水インフラの整備に努めてきました。その結果、容易に安全な水を得られない人々の割合が、かつては世界人口の約22％でしたが、現在は約10％まで低下しています。しかし、アフリカの国々では未だ整備が進んでいない国もたくさんあり、水インフラが未整備の地域には治安、交通、言語等の問題から、援助の手が十分に行き届いていない現状があります。また、貧困国ではゴミの回収システムが整備されていない場合も多く、川へ大量のゴミが投げ捨てられています。用排水路には下水が直接放流され、衛生的にも大きな問題となっているのです。

なぜ水分野の国際支援か？

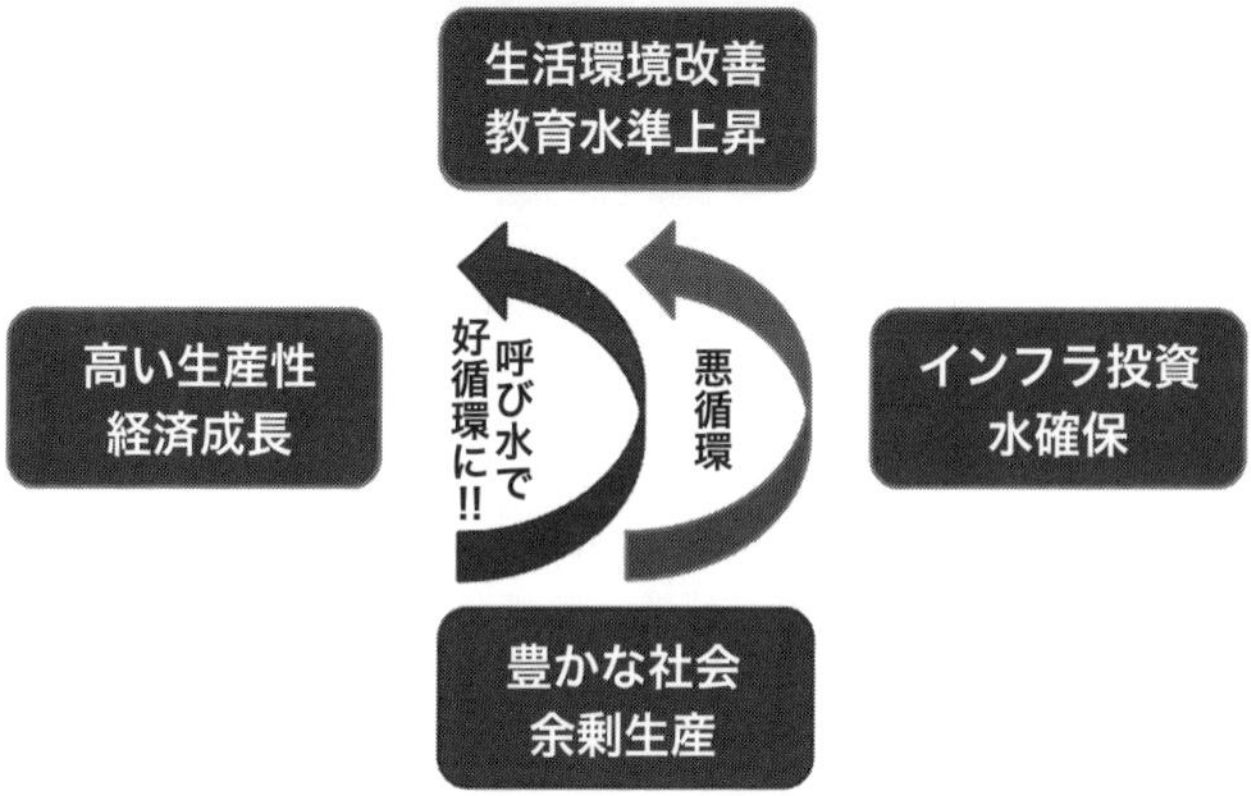

水資源はフローで考える

地球上に存在する水の中で、人類が使える淡水はわずか0・01％、といわれることがあります。しかし、この表現は誤解を招くものであり、本来は人類が必要とする量に対して0・01％が十分であるかを述べるべきです。水資源は循環するものであり、人類は地表から海に流れる水の総量に対して、わずか10％程度を使用しているに過ぎません。また、水資源は、ストックではなくフローで考えるべきで、時間的・空間的な偏在が非常に問題となるのです。日本のように常時降雨に恵まれている国は少なく、雨季や乾季がある地域では水資源が得られる期間が限定されます。このような水資源の偏在が水不足を引き起こしているのです。

20世紀から21世紀へと移り変わる際に、自然観は大きく変化しました。70億人に達する人間が耕作、森林伐採による土地の改変を行っています。自然に対する、人間の影響はとてつもなく大きくなっており、もはや現実に存在する自然は、本来のそれとは大きく異なっています。

世界中の取水量と涵養量を計算しシミュレーションした結果、アマゾン川流域やアメリカ東海岸の降雨量が多い場所では、地下水が十分に涵養されていることがわかりました。しかし、涵養量を超えて取水している地域では滞留時間が長く涵養量が非常に少ない化石水が大量に消費されています。試算によると年間約370㎦の化石水が消費され、地表水が増加しているとされます。この地表水の増加量と、ダム貯水による海への流出低下量を考慮したところ、現在は海面の水位が約20㎜上昇していると推計されました。さらに他の推計結果や、観測結果からも水位上昇が示唆されており、人間活動が及ぼす影響はやはり大きいものと言えます。

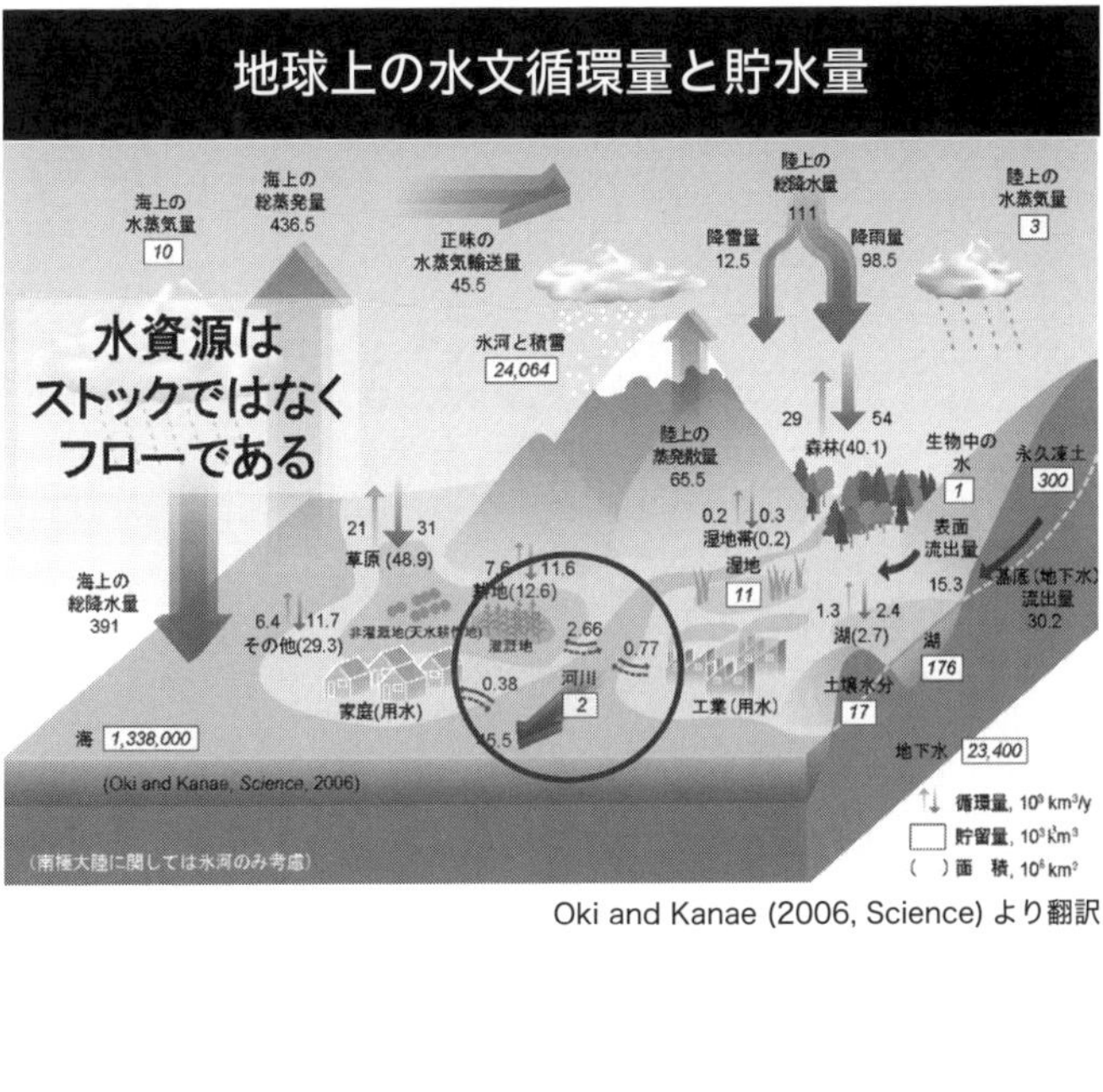

Oki and Kanae (2006, Science) より翻訳

仮想水という概念

水は非常に安価です。1トンの水道水の平均的な価格は160〜170円程度で、工業用水、農業用水はさらに安くなります。そのため、渇水の地域に水を運んだとしても、輸送費が高くつくため、インフラ設備を介さずに水で利益を得ることは難しいのです。しかし、日本の一般家庭における1日の水消費量は1人あたり約250Lとされており、その市場規模は非常に大きいため、水供給のための設備が整備されていれば収益性が向上し、安定的な水供給が可能となります。

一般家庭で1人の人間が1日に使う水の消費量の内訳をみると、風呂65L、トイレ60L、洗濯50L、炊事55L、その他歯磨きなどに10Lとなっていますが、これらはすべて洗浄目的の使用です。人が文化的な生活を送るには、これらの目的で水を消費できることが重要です。しかし、渇水や他の自然災害が発生した際には、洗浄用水は第一に節水の対象となります。また、都市によって給水量は異なりますが、たとえば福岡市は他都市と比較して、非常に給水量は少なくなっています。温暖な地域であるにもかかわらず給水量が少ないのは、過去に渇水を経験したことにより節水意識が強く根付いていることが影響しているのです。

小麦やトウモロコシを1kg生産するために必要な水は約2000Lであり、すなわち作物重量の2000倍の水を必要とします。同様に大麦では2600倍、米は3600倍の水を必要とします。畜産物ではさらに大量の水が必要となり、たとえば鶏肉1kgに対して4500L、牛肉に至っては2万600Lもの水を必要とします。このように畜産物で水の消費が大量になってしまうのは、飼料を栽培する際

畜産物の水消費原単位

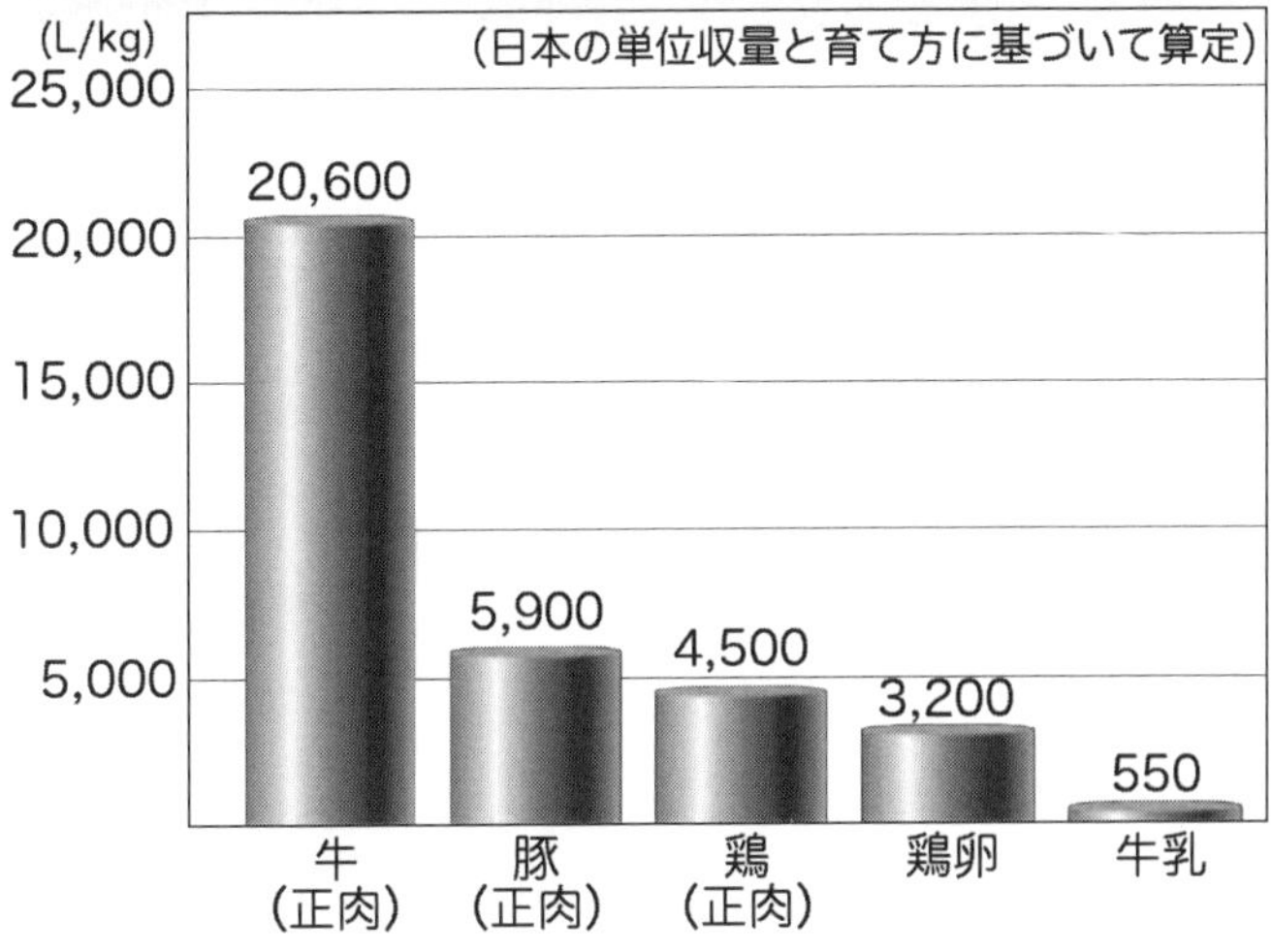

の水量も加算されているからです。

　日本はトウモロコシ、大豆、小麦を主にアメリカから輸入しており、これが全輸入作物の大半を占めています。食料の輸入に伴い、その食料を飼育、栽培するために消費した水も実際は輸入しているとみなすこともできます。この水を仮想水と呼びます。仮想水の総輸入量は年間640億㎥にも達し、日本国内の年間灌漑用水使用量の570億㎥を上回っています。

　日本は降雨の時間的な偏在が小さく、水資源に恵まれた環境です。しかし、平地が少なく国内で十分な農地が確保できないために、仮想的に海外の農地を輸入しているようなものなのです。

日本の仮想水総輸入量

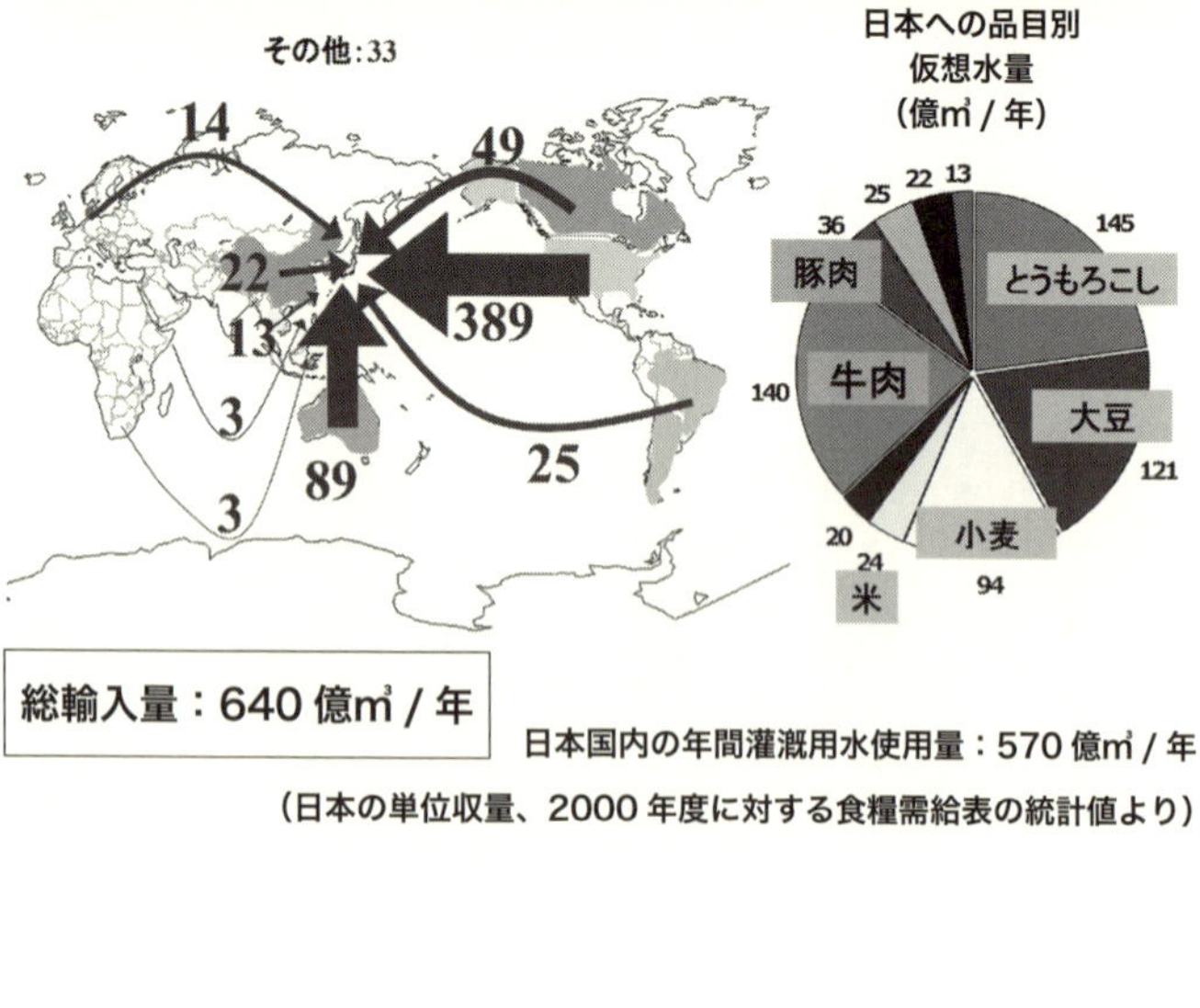

総輸入量：640億㎥／年

日本国内の年間灌漑用水使用量：570億㎥／年

（日本の単位収量、2000年度に対する食糧需給表の統計値より）

一方、中東などの石油資源に恵まれた国では、海外から水を輸入し自国で作物を栽培するのではなくて、海外で栽培された作物を自国に輸入した方が、はるかに運送コストを安くすることができます。本来、仮想水とは、食料を媒体とする地域間の移動が、水資源の地域的な偏在を緩和しているという観点から生まれた概念です。

食料自給率

カロリーベースに基づく食料自給率を都道府県別に見ると、100%を超えるのは北海道と秋田、山形、青森、岩手、新潟の各県に限られ、福岡では20%、東京ではわずか1%程度です。平均の食料自給率は約40%であり、食料輸入が困難になった際に非常に危険であるとされ、国内農業の活性化が頻繁に訴えられています。しかし、実際は農業を行う際には、農業機械や農作物運搬のための燃料、作物に与える肥料などを必要とします。食料の輸入が困難な状況で、同時にエネルギーも得難い状況である場合、食料自給率を上げても農業を行うこと自体が不可能になります。また、食料自給率を論ずる際に、生産額ベースでみると平均自給率は約70%にも達することから、食料自給率とは様々な観点から考えるべき問題です。エネルギー資源の乏しい日本にとって最も重要なのは、常に食料やエネルギー資源を確保できるように、関係国家との関係を良好に保つことです。

飲み水など我々が生きるためには1日に2~3Lの水を必要とし、洗浄用水など文化的な暮らしをするために必要な水は２００〜３００Ｌです。また、１日の食料を得るために消費されている水は２０００〜３０００Ｌであり、結果として年間で１人当たり１０００m^3の水を消費していることになります。日本では蒸発量などを考慮すると１m^2当たり１m^3の水を得ることができ、このことから、一人が年間に消費する水量を得るためには、一人当たり１０００m^2の集水面積を必要とすることになります。しかし、都市域では人口密度が非常に高く、集水域を十分に確保することが困難であるため、遠隔地の水が大量に利用されています。都市を発展させるためには、都市周辺の水や食料の供給地の発展とを一体として考えなければいけません。

都道府県別食料自給率

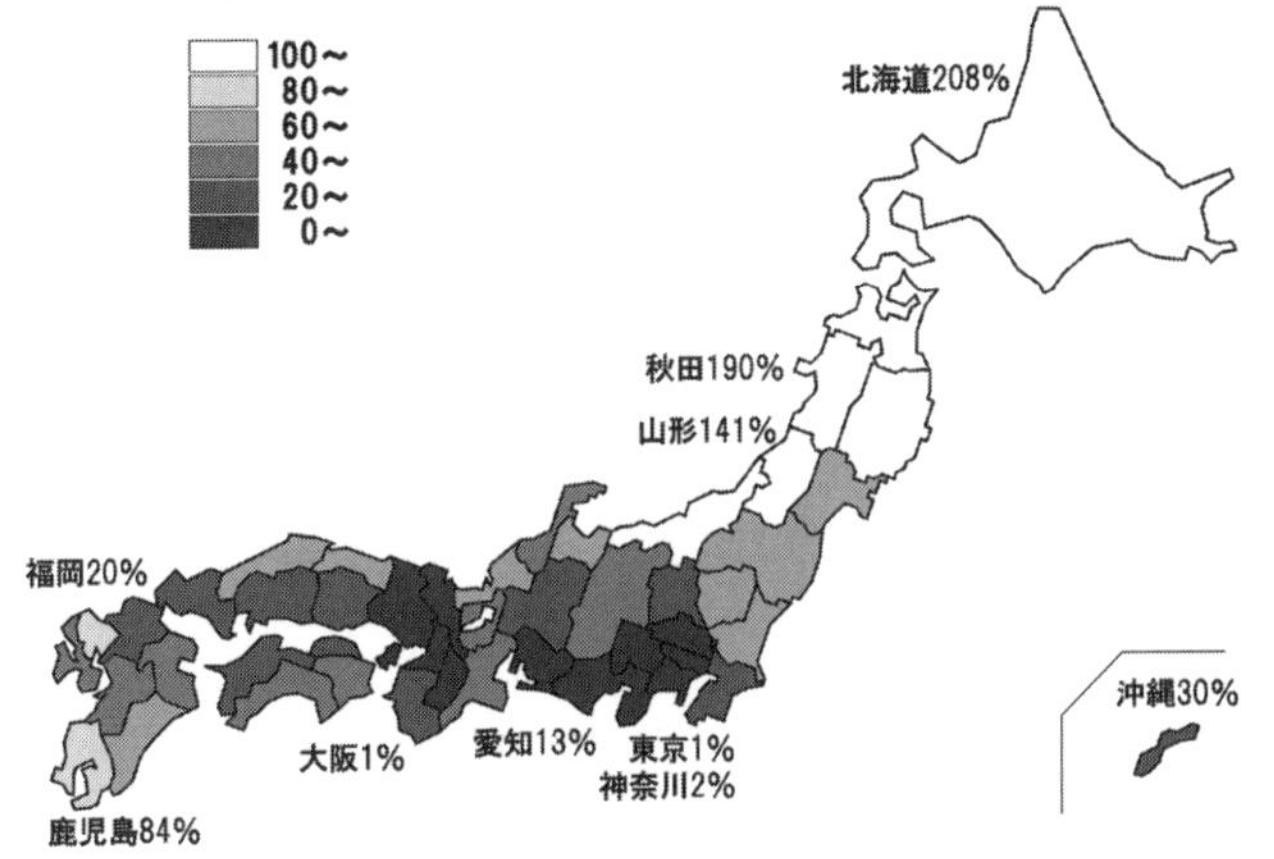

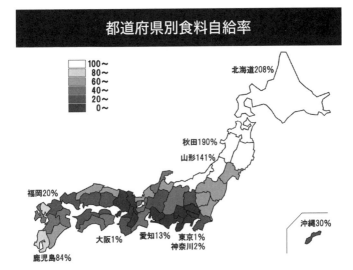

ダムの運用

かつて日本では、急激な都市化の進行により各地で水不足が生じました。東京では、オリンピック年の1964年に渇水が発生し、7月1日から10月1日まで給水制限が行われました。この渇水の際、河川水は農業のために使用が制限されており、生活用水や工業用水の不足分を補うために、地下水が大量に取水されました。1967年に制定された公害基本法により地下水の利用が規制されるまで、過剰揚水により地下水位は大幅に低下しました。規制後に水位は回復しましたが、同時に発生した地盤沈下は回復しておらず、さらなる進行を防ぐため現在も地下水の利用は規制されています。

福岡では、筑後川水系におけるダム開発に伴い水の需給量は大きく増加しました。筑後川水系では水利権量に対してぎりぎりの取水を行っており、現在もその状況は変わっていません。一方、関東の利根川・荒川水系では水利権量がはるかに多く、取水量には余裕が残されています。すなわち福岡の水利用状況は渇水に陥りやすいことを意味しています。

利根・荒川水系では、取水量の10%が上水に、88%は農業用水に使われ、一方で筑後川水系では17%が上水に、78%が農業用水に使われています。農業用水は、水管理を厳密にすることにより水使用量を減らせる余地が大きいため、渇水の際には農業用水を節水することで、上水などの不足分を補うことも不可能ではありません。そのため、全取水量の中で、農業用水の割合が低い筑後川水系は、渇水時の不足分を補填する力が弱いと言えます。そこで、筑後川水系では過去の渇水の経験から、ダムの放流量と利水者の取水量を厳密に管理する特殊な方式でダムが運用されています。

プール方式とセパレート方式

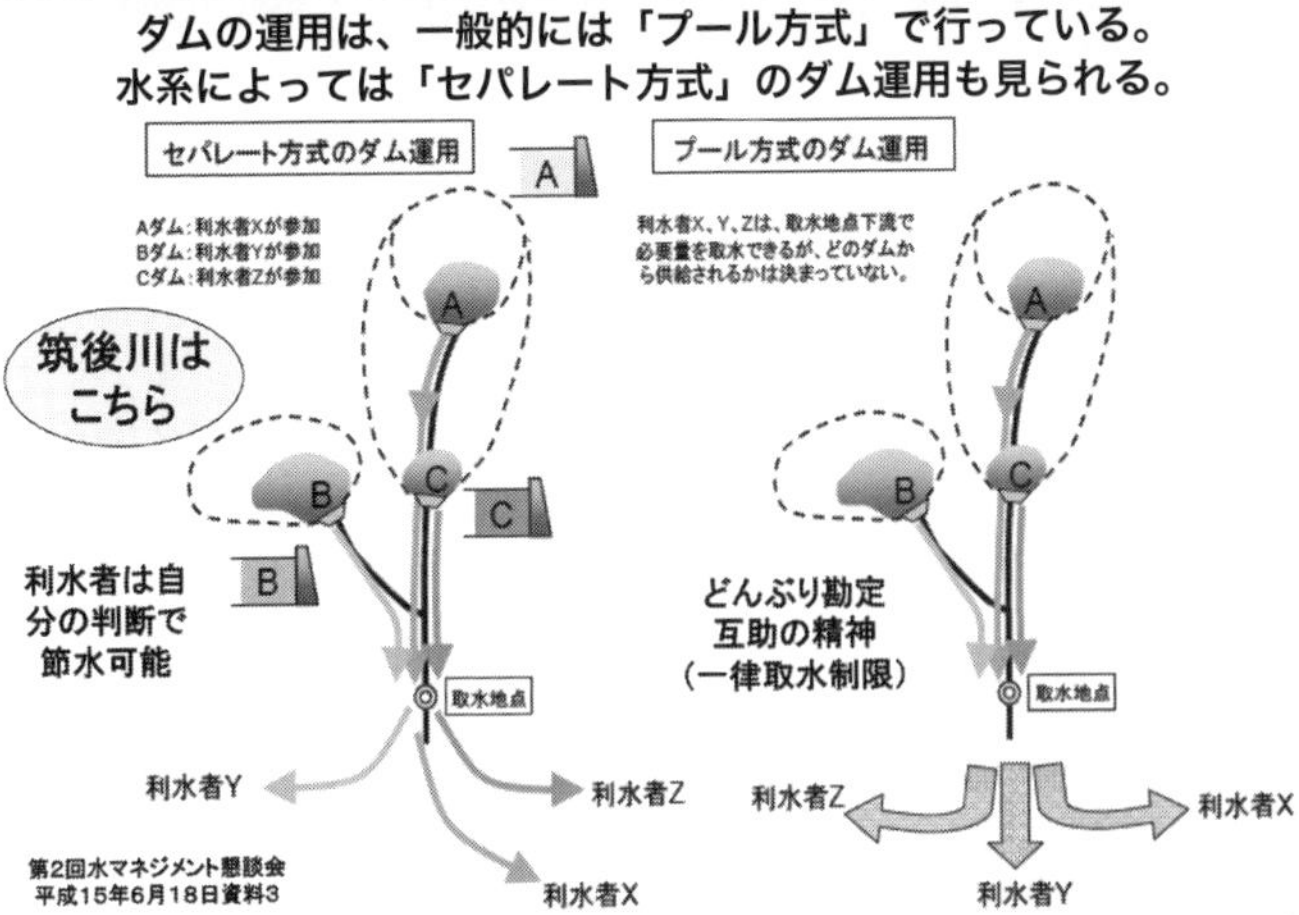

(国土交通省資料より)

持続可能な社会のために

日本で節水しても、アフリカの渇水を解消できるわけではありません。水が十分にある状況では、衛生的な観点からむしろ洗浄水への水利用を惜しむべきではないのです。また、アフリカの貧困国などでの水利用の問題は、気候上の問題だけではなく、水を安定供給するための施設がないことが原因です。乳児死亡数が多いのは、ほとんどが水が安定的に利用できない国です。もちろん水利用の問題だけではなく、同時に社会レベル、医療レベルが低いことも原因です。日本でも約70年前は同様に乳児の10人に1人が死亡していましたが、社会の発展とともに衛生状態も改善され、乳児死亡数は激減しています。

地球の自然環境保全を第一に考えると、人類は滅んだ方がいいのでしょうか。しかし、地球環境を守る本来の目的は、健全な環境を次世代に継承することです。よりよい社会を作るためには人類の存続が不可欠です。

持続可能な社会を作るためには、本書のテーマである水だけではなくエネルギー、食料を三位一体で考えるべきです。また、水、エネルギー、食料などは土地面積当たり、時間当たりでしか供給されず、日本のような平地が少ない国では大きな制約が課せられています。現在は社会的あるいは経済的な関連が、国家や地域などの境界を越えて、地球規模に拡大しています。このような状況で先進国のみが豊かな暮らしを享受する状況を継続することは難しく、今後は他の国々の発展を促し共に成長していく必要があります。そのためには、資金や技術者を送るのみではなく、我々が持つマネジメントの知恵や経験、技術を共有することが必要です。水の安定利用が困難な国々が、自国の力で水インフラをはじめとする社会基盤整備と、それらを管理するための力を育むために、我々が手伝えることは多いのではないでしょうか。

持続可能な社会のために

水だけを考えるのではなく、
食料とエネルギーと三位一体で考えるべき

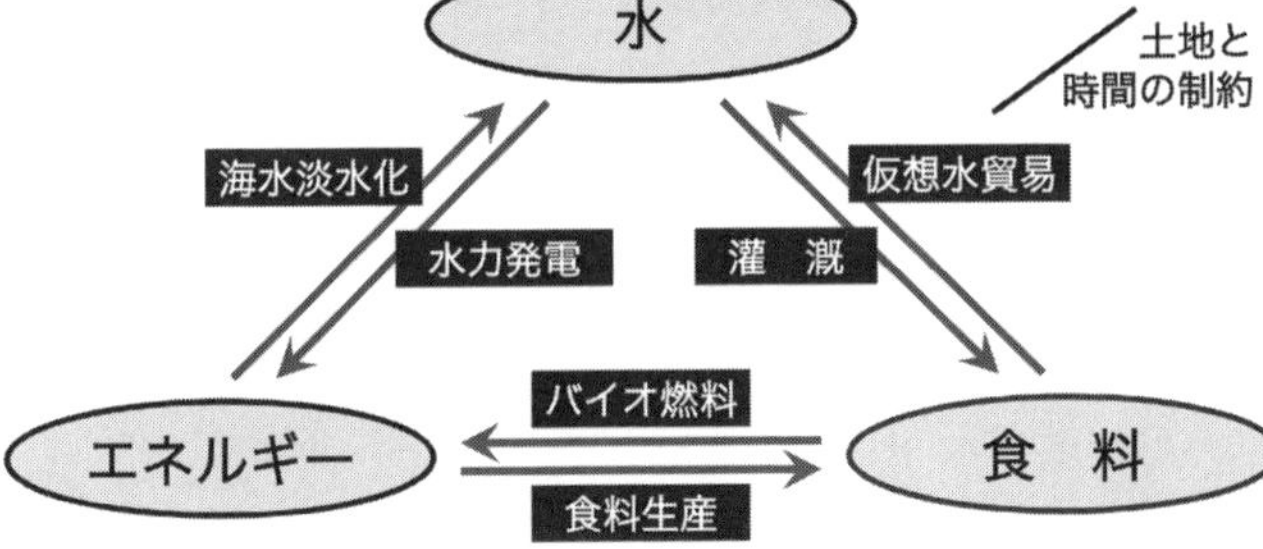

第2章

森林と水

森林とは

森林は水源の森と呼ばれることも多いのですが、実際はどうなのでしょうか。全国各地の年間降水量を見ると福岡は1770㎜、北海道にある九州大学の演習林では800㎜、同じく宮崎県にある演習林では3600㎜です。しかし、蒸発量に着目すると、各森林の蒸発量は同じではなく、福岡では800㎜程度、北海道演習林では500㎜程度、宮崎演習林では1200㎜程度であり、降水量と蒸発量の差である水資源が森林によっては必ずしも十分に蓄えられているわけではありません。

森林には、それを定義するための複数の基準が存在します。FAO（国連食糧農業機構）の基準によると、最小樹冠被覆率が10％、最低樹高が5m、最小面積が0・5haの条件を満たすものが森林と定義されます。一方、日本では、最小樹冠被覆率が30％、最低樹高が5m、最小面積が0・5ha、最小の森林幅が5mという条件が基準とされています。

森林は年降水量500㎜以上の場所で存在が可能ですが、年降水量が250㎜を下回る場合では草原すら存在し得ない状況となります。すなわち、年降水量500㎜以上で水資源に余剰が発生することになり、気候と植生帯は、年降水量と年蒸発散量とのバランスによって決定されるのです。

たとえばロシアの年降水量は500㎜程度と非常に少ないのですが、寒冷なため蒸発散量も少なく、森林が存在し得るのです。日本では、平均年降水量が1700㎜程度と世界平均800㎜程度と比べて降水量が非常に多いため、森林の植生帯は気温によって決定されます。九州南部で、海岸近くの温暖な場所では亜熱帯雨林が発達し、北海道の海岸に近い場所では常緑針葉樹林が発達しているのです。逆に降雨が少ない環境では、降雨量の変化に伴い、森林の姿も変化します。

湿潤地では、気温が森林の成立を規定する！

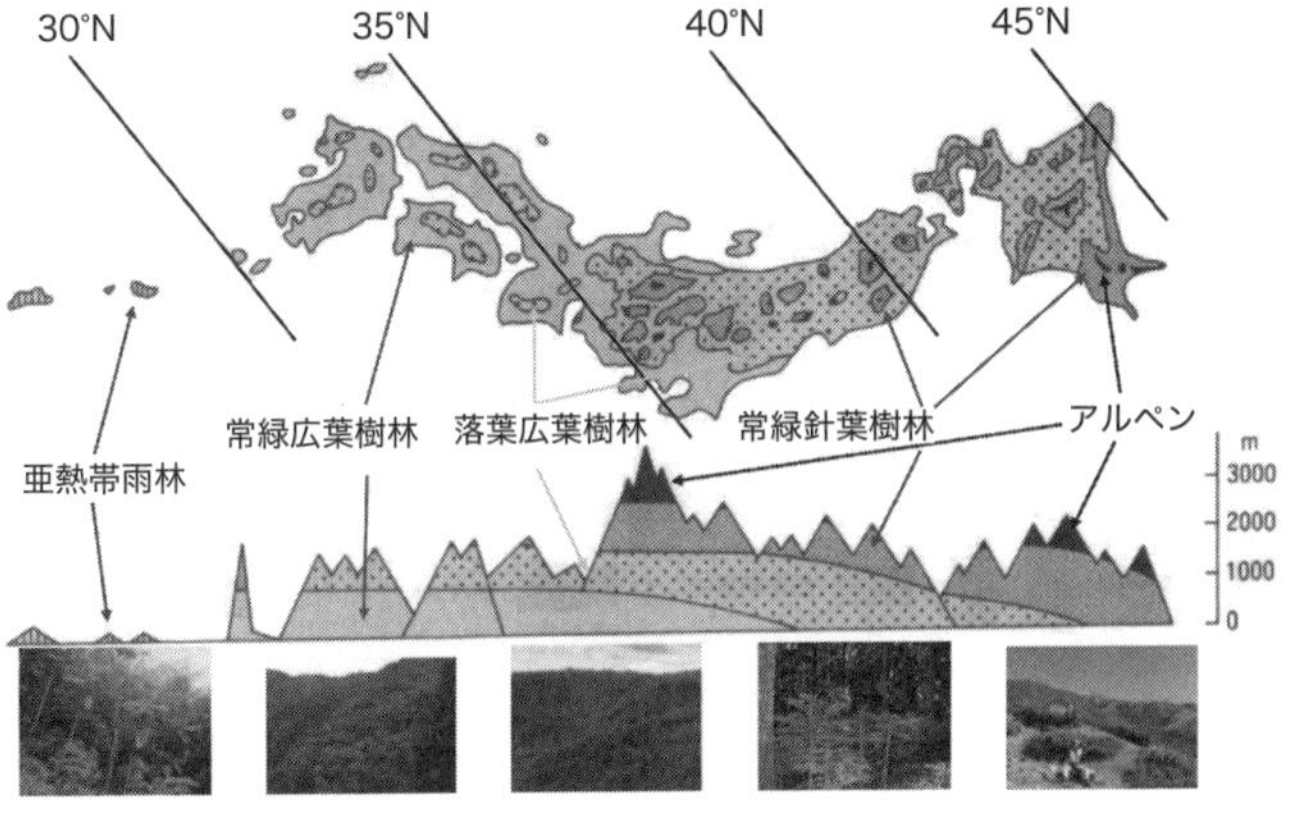

森林と環境問題

世界の森林率を見ると、1990年は全陸地の30%が森林に占められており、その後の20年間で森林面積が3・3%低下しています。しかし、東アジアでは同じ20年で、森林面積が20%近く増加しているのです。

東アジアに属する、中国、モンゴル、北朝鮮、韓国、日本のそれぞれを見ると、中国での森林増加率が約30%と非常に高く、これが東アジアの森林面積増加を牽引していました。また、北朝鮮では逆に1990年からの20年で森林面積が35%近く減っており、これは農地開発やエネルギー不足などが原因と考えられます。韓国と日本は、森林率が60%を超えており、世界的に見ても森林が多い国であることがわかります。

森林は環境破壊という点からも度々注目されています。東南アジアでの焼畑やプランテーションによる森林破壊が有名でしょう。東南アジアは低緯度に位置しており、強い日差しのため、一度森林を伐採すると森林の成長は非常に遅くなります。これにより、東南アジアでの森林消失は大きな問題となっている一方で、中国では植林が活発に行われることで、水需要がひっ迫する問題が発生しています。どうしてそのようなことになるのか、詳しく見ていきましょう。

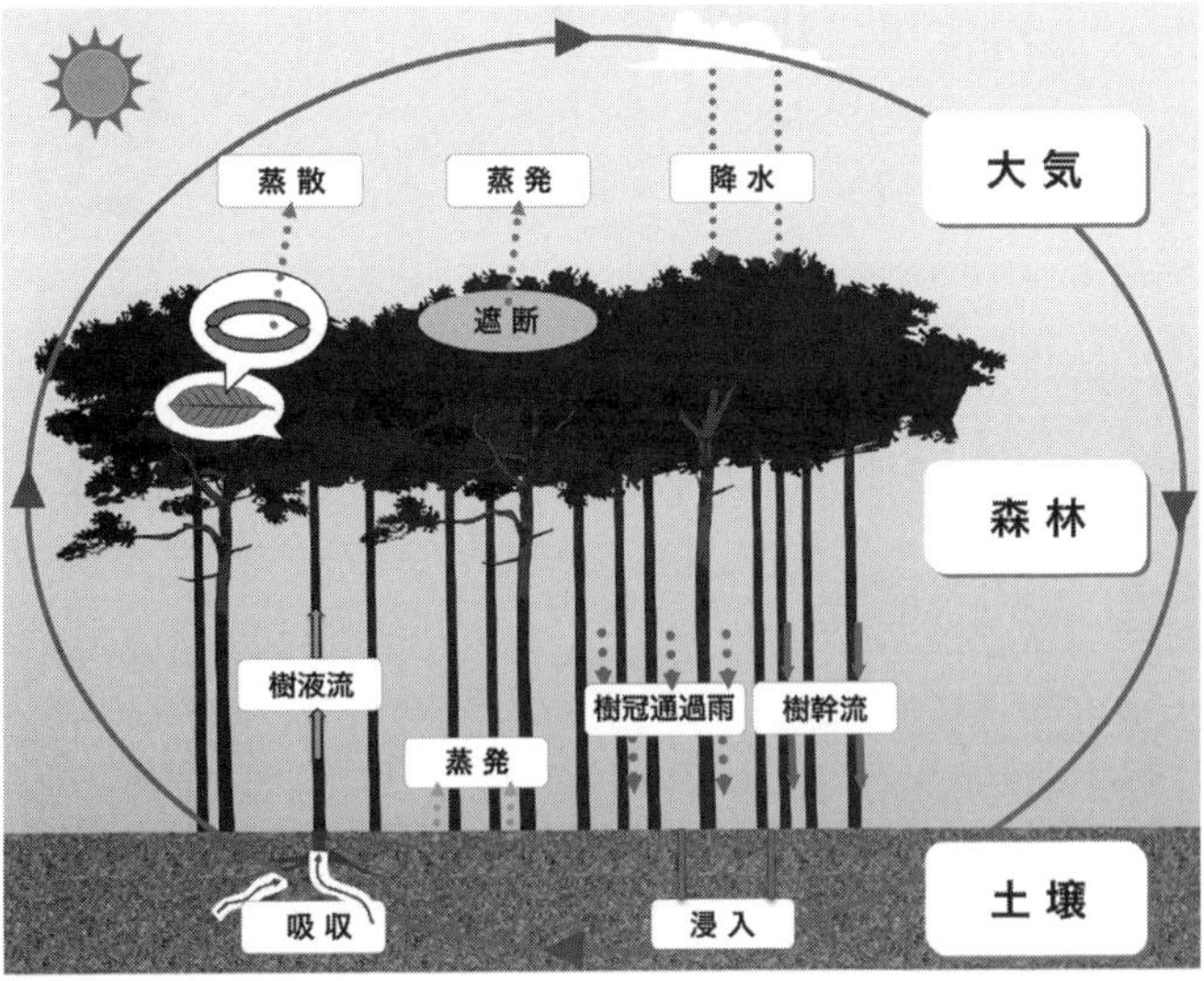

中国の森林の現状と課題

森林は緑のダムと呼ばれることもあり、一般的には森林の大きさと水資源賦存量は比例関係にあると思われがちです。しかし、森林は、その状態によって性質が大きく異なります。蒸発散量の多い森林では、必ずしも水資源涵養機能を持つとは限らず、逆に水の過剰な消費を招くこともあります。また、外来樹種の植樹による生物多様性の喪失が問題となることもあります。中国では実際に植林に起因する問題が発生しています。

中国の森林率は18％であり、日本の68％と比較してかなり低いのですが、森林面積自体は約10倍もあり、特に人工林の面積は世界最大です。今後、この人工林の面積はさらに増加する見込みですが、その管理方法が大きな課題となっています。そもそも中国では洪水や土砂の流出が問題となっており、防止策としてニセアカシアという外来種の植林を行っています。このことで水需要が増加し、新たな問題が生じてしまったのです。

ニセアカシアは窒素を固定する機能に優れており、劣悪な環境でも生育可能であるため、植林によく用いられている北米原産の樹種です。ニセアカシアにより構成される森林の機能を調べるため、ニセアカシアに代表される人工林と、リョウトウナラに代表される天然林を調査し、比較を行いました。

　ニセアカシアの人工林では、構成種はニセアカシアのみで枝は縦方向に成長していましたが、天然林ではリョウトウナラの他に約11種類の樹木が横方向に枝を成長させていました。また、人工林では幹の太さが10㎝の樹木がその多くを占めていますが、天然林では5～25㎝の太さの樹木が健全な状態

中国、延安（黄土高原）の天然林と人工林

人工林（ニセアカシア）

天然林（リョウトウナラ）

で分布していました。健全な状態では、太さが5㎝、10㎝の木が多くを占め、15㎝、20㎝と成長するにつれ占める割合が微減していきます。つまり、天然林では、順次世代交代が起こり、幼樹が成長しているのです。

一方、人工林では10㎝、15㎝の太さの木のみで構成されており、仮にこの世代の樹木が淘汰されると人工林の壊滅が予想されます。また、ニセアカシアの葉は時間経過とともに細かく分解されますが、リョウトウナラの葉は原形を保っています。加えてニセアカシアの森林では、森林内での風速が速く、水の浸透量も少ないため、落ち葉の流出が多くなり腐植層が形成されにくいのです。これにより、ニセアカシアの人工林では、天然林とは異なり、下層植生が少なく、生物多様性の低下がもたらされています。

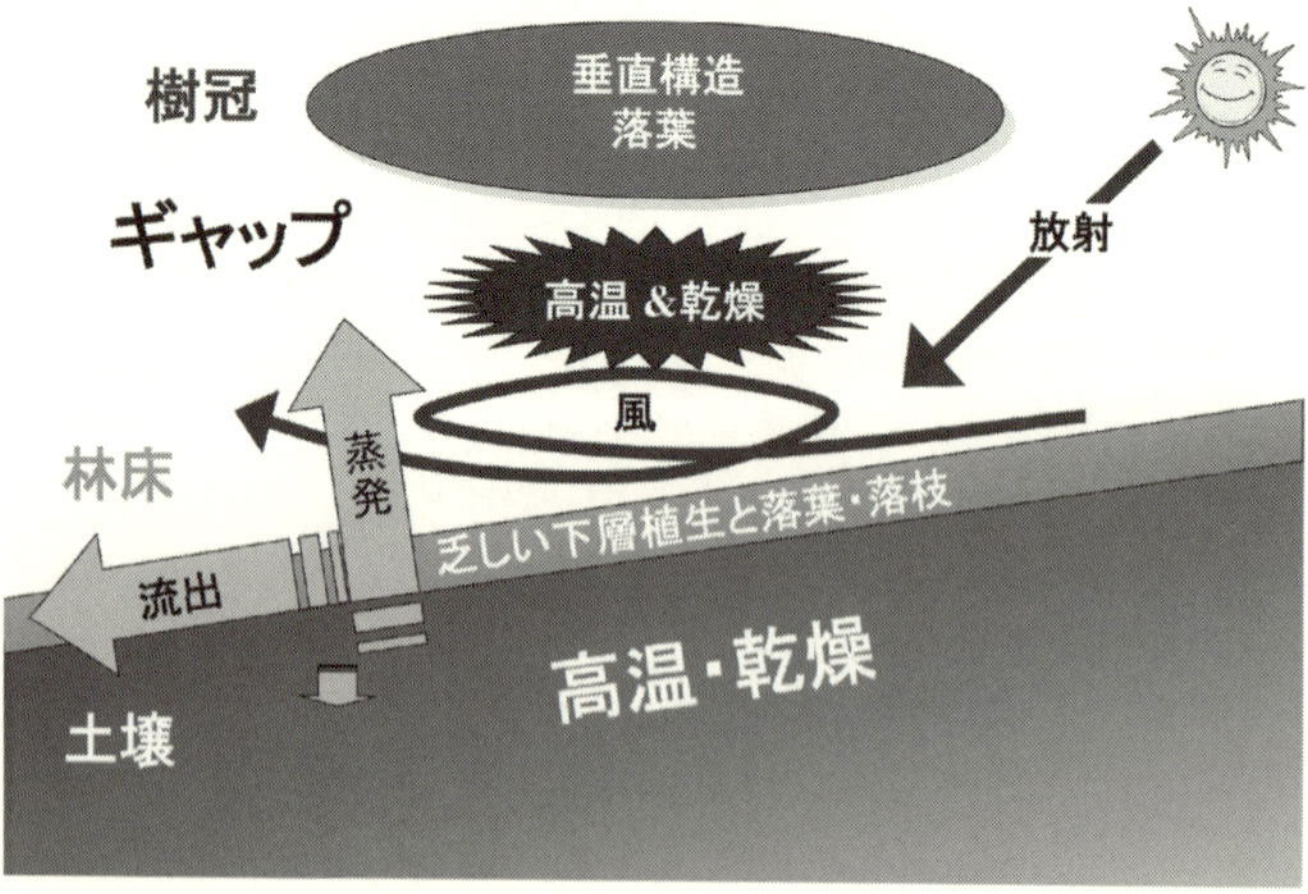

また、ニセアカシアの人工林は、森林内の温度変化も激しく、養分の流出量も多いため、ニセアカシアにとっても非常に苛酷な状況となっています。これにより、ニセアカシアの森では現在、樹木の生長が滞り小老樹化が起こっています。しかし、過去の研究では、外来樹種の適度な間伐により、森林内の環境が改善した例もあります。外来樹種から在来樹種への移行が大きな研究課題となっています。

日本の森林の現状と課題

日本の森林でも様々な問題が生じています。

日本では1950年代以降、木材需要に対して国産材の供給が追いつかず、木材の輸入が始まりました。しかしその後、輸入材の価格の安さから国内林業は減収の一歩をたどり、国産材の供給量が激減したのです。

そのため、かつては材積目的で植林された木材が伐採されず、高齢林が30％を占め、10年後には62％を占めるとされています。また、林業の担い手も減少し、森林管理が行き届かないため非管理人工林での下層植生の喪失が問題となっています。

そこで、2001年に林業基本法が森林・林業基本法へと改正され、森林が持つ多面的機能に注目され始めました。管理が行き届いていない森林では、下層植生の喪失により土壌がむき出しになることから、濁水や流木、土面の崩壊が起こりやすくなります。

さらに、以前は伐採、植林のサイクルに伴い、森林は多様な環境を持っていたのですが、放棄され、単純な環境に変化したことにより、森林における生物多様性も喪失しています。

これらの問題に対処するためには、未だ少ない森林流域のデータや、森林内の水循環の素過程のデータを収集する必要があります。

	林業基本法の背景	森林・林業基本法の背景
木材需要	需給逼迫	輸入81% 国産材生産減少
社会要請	木材供給・木材価格の安定	多面的機能
森林管理	造林と生産	間伐& 長期複層林
林家	造林・生産に意欲的	利益の減少、高齢化
公益機能	林業の進展に伴う	森林管理が必要

森林管理による環境保全

森林荒廃が洪水・河川環境に及ぼす影響の解明とモデル化を目指す試みが行われています。２００３～２００８年に行われた一回目のプロジェクトにより、下層植生が多いほど、最終浸透能すなわち水の土壌への浸透速度が速いことがわかっています。また、下層植生を豊かにするためには、下層への照度を上げる必要があり、全本数の50％の間伐を行うことが望ましいとされています。

２００９年から取り組まれている新しいプロジェクトでは荒廃人工林の管理による流量増加と、河川環境の改善を図る技術の開発を目標としています。栃木、愛知、三重、高知、福岡のスギ・ヒノキ林で50％の間伐実験を行っており、これは降水に対する蒸発、蒸散、浸透量を定量的に算出し、間伐が水資源に与える影響を評価するための実験です。その結果、遮断蒸発量、樹冠蒸散量が減ることが実証できましたが、林床蒸発量に関しては実験機器の問題から実証がすんでいません。最終的にはこれらの実験結果から、モデルを作成し、シミュレーションを行うことにより、間伐方法の提案を行う予定です。

森林の多面的機能についてはいまだ実証されていないことも多くあります。地質の違いにより、降雨後の水の流出量が異なることや、栄養塩の負荷量の違いが確認されており、その機能は様々です。

砂漠などの非生産的な環境と異なり、森林は水やエネルギーの循環、炭素固定と様々な生産的な働きを行っています。よって、森林が存在するだけで価値があると言えるのですが、それに付随する人間に対しての正の側面をただ享受するのではなく、森林機能の限界を正しく理解し、森林を管理する必要があるのです。

間伐前

間伐後

第3章

見えない巨大水脈——地下水の今後

地下水とは何か

地下水は、雨や雪解け水が地面に染みこんで地下に存在する水です。起源は同じでも地下に染みこまないで流れるのが河川水で、地上にたまるのが湖水、湖沼水です。なかには河川や湖沼から地下に染みこんで地下水となるものもあります。

地下の構造は均一ではないので、地下にも地形、地質によって、水が染みこみにくい粘土のような地層がある一方で、地下水を多く含んで、水が流れやすい砂や砂利のようなところがあります。地下の構造によって地下水を多く含む場所ができ、これを帯水層と呼びます。

地下水も川の水と同じように帯水層の中を流れていきますが、水の流れを阻むものがない川よりも、地面の中を通過する時間が非常に長く、流れが遅いことが特徴です。特に日本の場合、川の水は短時間で流れてしまいますが、地下水は地下での滞在時間が長いので、浸透し、移動していくうちにいろんなものを溶かしていきます。そのため、地下水は存在する場所によってその特徴がさまざまに異なっています。「軟水」や「硬水」も、成分の違いからくる分類です。

地下水は、帯水層の中に蓄積していてその中を流れる「流動地下水」という形が普通なのですが、中には極めて流動性が低くて、1か所にとどまってほとんど流れない地下水もあります。新たな水が染みこまず、昔溜まったままの地下水で「化石水」と呼ばれるようなものもあります。通常の地下水の場合は、雨などによって涵養されて減らない場合もありますが、化石水は補充されないため、汲み上げているとどんどんなくなってしまいます。

地下水は自然に地上に出てくることもあります。崖になって帯水層が切れて露出するところから地下水が自噴します。これが「湧水」「わき水」と呼ばれるものです。日本百名水の大方は湧水なのです。湧水は水田農業に利用されるケースもあります。

地下水の流れ

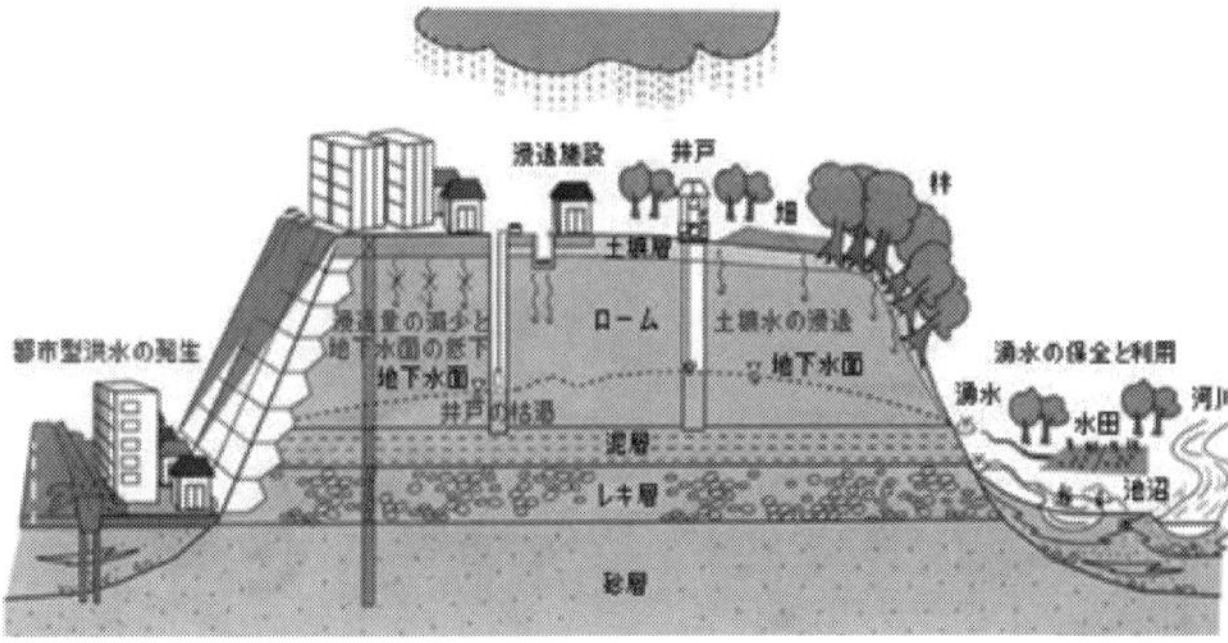

地下水に依存する人間

われわれは飲料水として川の水を多く飲んでいるのではないかと思いがちですが、実際は少し違っていて、地下水を飲料水としても使っている人が非常に多いのが現実です。利用可能な淡水資源の大部分は地下水なので、それに依存している人が非常に多いということになります。人口が増加して水需要が増えると、河川水の需要も増えるのですが、地下水の需要も増えていきます。先進国を中心に最近では発展途上国でもペットボトルの水の需要が広がっています。この10年くらいで顕著な傾向で、このペットボトルの水はほとんどが地下水です。

世界的に見ても地下水は重要な淡水資源です。国連の試算では、大都市、特に発展途上国の都市で地下水を利用している量が非常に多いことがわかっています。急速に拡大する途上国の都市部では上水道が未整備なため、地下水を汲み上げて生活している人が多いと言われています。

世界各国の地下水利用を調べると、特に中国、アジアの途上国で地下水への依存度が高いことがわかります。日本の地下水への依存度は25％程度ですが、そのほかのアジアの途上国では地下水への依存度がさらに高くなっています。ブラジルは、アマゾン川のような河川があるため依存度は割合低いのですが、比較的表層水に恵まれた中南米でも地下水への依存度が高い国はあります。

飲み水として地下水を利用している割合は、場所によってさまざまですが、ヨーロッパでは75％のところもあります。アジアでは20億人、人口の32％が地下水に依存しているとされています。アメリカも人口の半分程度が地下水に依存しており、その数は1億３５００万人にのぼります。地下水の重要性は先進国、途上国を問いません。

食糧生産を支える灌漑用水という意味でも地下水は大切です。灌漑用水の中で、表層水（河川や湖沼の水）と地下水の比率を見ると、たとえばサウジアラビアでは河川水をほとんど使えていません。ガンジス川が流れるバングラデシュには河川水が十分にあるように思えますが、地下水への依存度は高くなっています。中国は農業用水として表層水への依存度が高い国ですが、河川の枯渇などによる水資源の不足が深刻化しており、今後、地下水への依存度が高まる可能性があります。インドは地下水への依存度が比較的高い国の一つですが、過剰な地下水利用による地下水位の低下が深刻化しています。

日本の地下水利用

日本で地下水がどのように使われているかを調べると、工業、民生、農業が三大利用方法であるというのは表層水も同じです。養魚用水というのは日本独特なものですが、ウナギなどの養殖、あるいは銭湯などにも地下水が広く使われています。日本海側の豪雪地帯には融雪・消雪装置というものがあります。冬でも温度が下がらない地下水を汲み上げて地上に流し、積もった雪を溶かすという用途に意外とたくさん使われて

地下水利用の用途別割合

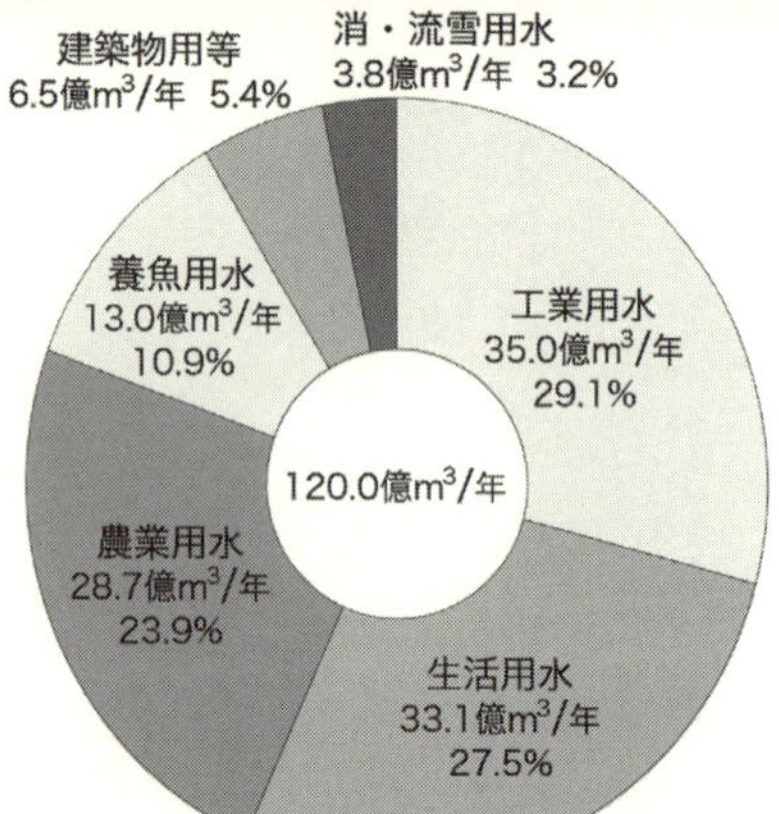

（注）
- 生活用水および工業用水（2008年度の使用量）は国土交通省水資源部調べによる推計。
- 農業用水は農林水産省「第5回農業用地下水利用実態調査（2008年度調査）」による。
- 養魚用水および消・流雪用水は国土交通省水資源部調べによる推計。
- 建築物用等は平成21年度の環境省「全国の地盤沈下地域の概況」によるもので、地方公共団体（31都道府県）で条例等による届出等により把握されている地下水利用量を合計したもの。

おり、ここでは3・2%となっています。こうしてみると地下水というのは非常に多くの用途に使われていることがわかります。

水道統計からみた、都道府県別の地下水利用量を見ると、静岡県がトップです。富士山があり、その周囲に広大な帯水層があるために地下水量が大きいことが理由です。周辺では湧水も豊富です。兵庫県は六甲山系の水が有名で、やはり富士山と同じように山があり、崖があるとそこから地下水が出てくることが多くなります。東京都も多摩の方の崖から地下水が出てくる場所が多いですし、熊本県も阿蘇山周辺などで地下水資源が豊かで大量に使われています。

依存度で言うと、主に飲み水、農業用水含めて鳥取県が99・3%とトップです。これはほとんど地下水しか使っていないことになります。6~7割使っているところもかなりの数があります。日本人は思ったより多くの地下水を汲み上げて水道水として飲んでいると言えます。

地下水の枯渇

人口増加にともなって世界の淡水資源の利用量は急激に増えています。地下水の利用量も当然ながら増大傾向にあり、今後も増えると予想されています。国連では「多くの場所では地下水は涵養されるよりも速い速度で取水されており、枯渇が懸念される」としています。

例えばアルジェリアでは再生不可能な地下水を大量に、非持続的に使っています。また、サウジアラビアやリビアは地下水への依存度が高いうえ、全体の半分以上が再生不可能な地下水を使っています。

インド北部は大きな帯水層が農業を支えているのですが、過剰なくみ上げによって地下水位の低下が続いています。大きいところでは年間1mを超える低下が見られます。中国南部では、1953年からの約50年間、一貫して地下水位が下がっていることが示されています。地質によらず、みな右肩下がりでどんどん地下水位が下がっているのです。

このように世界中で再生不可能な地下水資源が減少したり、再生可能なものであっても、涵養量を越えて過剰な採水が進むことによって地下水の枯渇が進んでいるのです。

発展途上国の水不足

地下水が枯渇すると何が起こるでしょうか。ただでさえ深刻な発展途上国を中心とする水不足、それに関連した貧困問題がさらに悪化すると懸念されています。

世界で今、8億人の人が安全な飲み水を得られないでいると言われています。そしてもっと深刻なのは安全な、きれいなトイレが使えない人が約26億人いるという現実です。世界全体で見ると3人に1人はその辺で用を足さなければならなかったり、あるいは1時間くらいかけてトイレまで歩いて行き、そこでさらに30分待ってようやく用を足すことができる、というような暮らしをしています。悪い冗談があって、そういう状況であるときは、トイレに行きたいと思う前にトイレに向かって歩きださないといけないと言われるほどです。

世界人口が増え、農業分野での水資源管理が不十分となり、土地の劣化につながります。さらに灌漑水の需要が増えるという悪循環もあって、発展途上国での水資源問題はどんどん進行していきます。

土壌の劣化

地下水にしても河川水にしても灌漑によって必要以上の水を農地にまき、それが地下に浸透すると、毛細管現象によって地下から塩分が地上に運ばれてきます。地上に出ると水は蒸発してしまい、残るのは塩だけになり、真っ白になって土地は使い物にならなくなります。左頁の写真はパキスタンで撮ったものですが、地面が真っ白になっているのがわかると思います。

下の写真は、塩類化して真っ白になったところのすぐそばなのですが、池があって、鳥がいて、草が生えていて非常に不思議な光景です。一見綺麗な場所のように見えますが、ここは以前は農地でした。過剰な灌漑によってどんどん水が入り、水はけの悪い低いところへ余分な灌漑水が溜まってしまって、農地としては使えなくなってしまいます。ウォーターロギングと呼ばれる現象で、こうなると農地としては使えず、水としてもきれいなものではないので利用は困難です。ここには蚊がたくさんいますが、多くがマラリアを媒体するネッタイシマカです。このような状況は人間の健康にとっても非常に悪いことで、貧困のために水の適切な管理ができず、それがさらに貧困を悪化させるという悪循環が起こっています。

中国は1995年時点で耕作地のなんと15％が塩類化していました。エジプトは33％です。

アメリカの一部でも塩類化は深刻です。地下水の管理が不十分で、地下水を無駄遣いしているところで塩類化は多く発生します。中国やインド、アメリカ、パキスタン、イラン、エジプトなどで、地下水位の低下と同時に土壌の劣化が起こっています。

土壌の塩類化

地盤沈下

深刻な地盤沈下は、先進国、発展途上国に共通の問題です。

地盤沈下の原理は、豆腐の上にまな板を置いておくと水が抜けて豆腐が縮むのと同じで、地下の水分がなくなると当然、それが支えていた地盤が下がります。地盤沈下が一度起こると回復は極めて困難です。再び、地下水が戻ってくるまで何十年、何百年も待たなければならないというケースもあります。くみ上げる量を減らして沈下のペースが衰えることはあっても、元に戻ることはないのが地盤沈下です。地盤沈下が進むと井戸や建物の基礎部分が露出して不安定になる「抜け上がり」といった現象も発生します。

　日本でも地盤沈下は深刻な問題になっています。法律で規制は進んで、地盤沈下の進行がほぼストップした場所、少しずつでも回復している場所もあるのですが、地下水が過剰にくみ上げられている

地下水の過剰な利用

地盤沈下の原因に

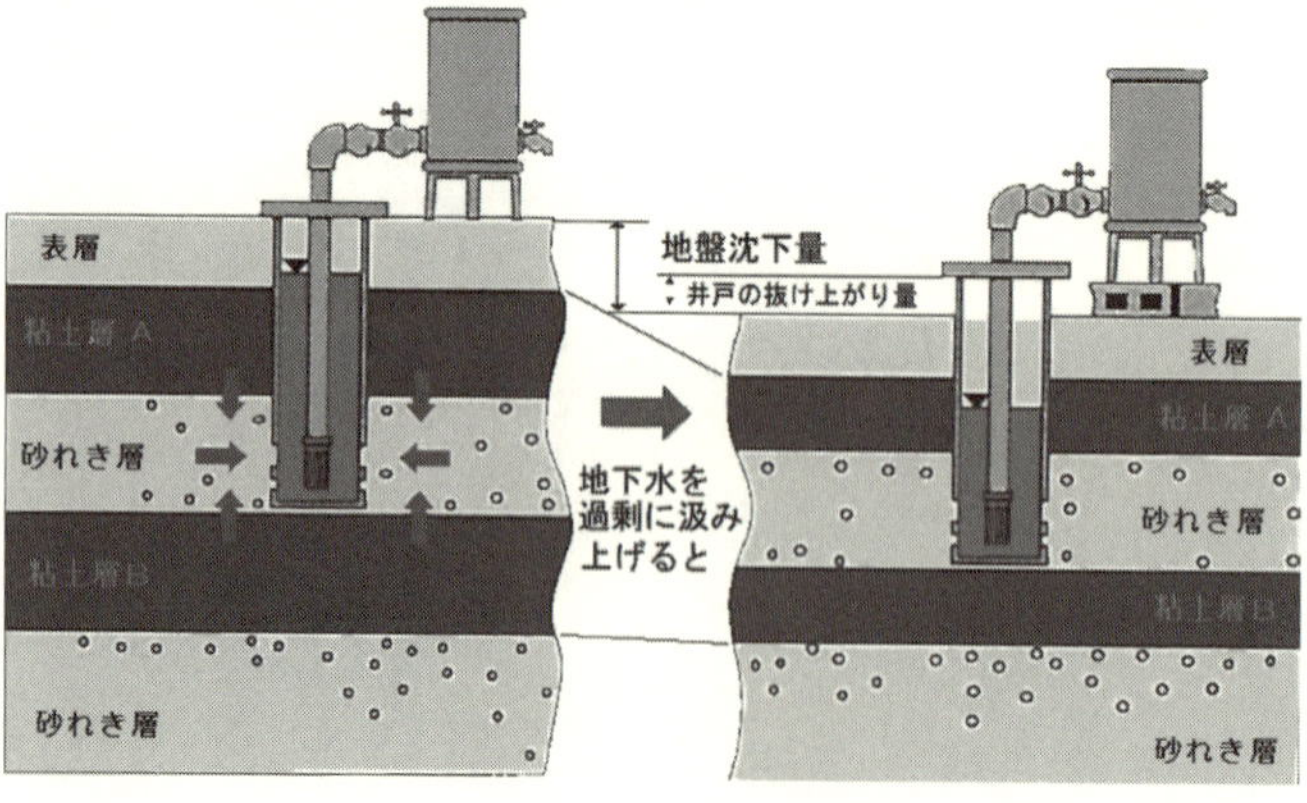

場所はまだまだ日本に多くあり、沈下が進んでいる場所もあります。今でも地盤沈下が進んでいる場所は、佐賀県や新潟県魚沼市などです。魚沼市で地盤沈下が進んでいるのは、冬に融雪用に地下水を大量に使うためです。新潟、千葉、兵庫、福岡の各県にはまだ、年間2㎝以上というかなり深刻な地盤沈下が起こっている場所もあるということです。

地盤沈下の対策はすでに述べたようになかなか難しく、くみ上げ規制などの対策が取られていてもまだ沈下が進んでいる場所もあります。

塩水の浸入

地下水をめぐるもう一つの問題として海からの地下水の浸入があります。沿岸域で地下水を過剰に採取して、地下水の量が少なくなると、海水と淡水のバランスが崩れて、海底下に存在する塩水の地下水の領域が広がっていきます。これが塩水の浸入で、以前は淡水源として利用できた井戸が、塩水しか出なくなってしまい、利用できなくなる、ということになります。日本ではあまり深刻な問題にはなっていませんが、標高の低い国などでは地下水の過剰なくみ上げによる塩水の浸入が問題化しつつあります。

深刻化する地下水汚染

これまでは過剰な利用によって地下水が枯渇すると何が起こるかという主に量の問題を取り上げてきましたが、ここからは地下水汚染の問題、つまり質の面でも地下水に問題が生じているという話です。

貴重な地下水に地上から汚染物質が流れ込み、汚染してしまうのが地下水汚染ですが、汚染物質にはさまざまなものがあります。第1に人間や動物の排泄物などの有機物による地下水汚染があります。これは主に、下水道や衛生的なトイレが整っていない途上国で深刻です。

先進国の地下水汚染物質で問題となったのはトリクロロエチレンやテトラクロロエチレンといった有機塩素系の溶剤でした。工業地帯の原油や廃油による汚染も深刻です。

農業活動が地下水汚染の原因となるケースもあります。たとえば、窒素肥料の過剰使用によって窒素分が大量に地下に浸透して起こる硝酸性窒素による地下水汚染があります。

汚染された地下水はゆっくり流れ、下流が汚れていく形で汚染が広がります。しかも河川や湖沼と違って目に見えないのでとてもやっかいです。

昔は井戸に油や古くなった溶剤を捨てていたので、それから何十年後に実は地下水が汚染されていたことがわかったという例もあります。例えば30年前にだれが捨てたかわからない物質によって、後になってそれも下流の、発生源からかなり離れた場所で発生した地下水汚染について、どうやって原因を作った主体に法的な責任を取らせるかというという複雑な問題が起こることがあるのが地下水汚染の一つの特徴です。

下の表は環境省のもので、いろいろなタイプの汚染物質による地下水汚染

物質ごとの地下水汚染の特徴

汚染物質	揮発性有機化合物（VOC）	重金属	硝酸・亜硝酸性窒素
性質	揮発性、低粘性で水より重く、土壌・地下水中では分解されにくい。土壌中を浸透し、地下水に移行しやすい（ベンゼンは水より軽く、他のVOCと比べると分解されやすい）。	水にわずかに溶解するが、土壌に吸着されやすいため移動しにくい（重金属によっては水に溶けやすく、動きやすいものもある）。	土壌に吸着されにくく、地下水に移行しやすい。土壌中の微生物のはたらきにより、アンモニア性窒素等が酸化されて生じる。
汚染の原因	溶剤使用・処理過程の不適切な取り扱い、漏出。廃溶剤等の不適正な埋立処分、不法投棄など。	保管・製造過程の漏出、排水の地下浸透、廃棄物の不適正な埋立処分、自然由来など。	過剰な施肥、家畜排せつ物の不適正な処理、生活排水の地下浸透など。
汚染の特徴	地下浸透しやすく深部まで汚染が広がることがある。液状のままやガスとしても土壌中に存在する。	移動性が小さいため、一般に汚染が局所的で深部まで拡散しない場合が多い。自然由来（土壌からの溶出）によって地下水環境基準を超過することもある。	農地など汚染源そのものに広がりを持つため、汚染が広範囲に及ぶことが多い。
備考	トリクロロエチレン、テトラクロロエチレン等は分解してシス-1, 2-ジクロロエチレンや、1, 1-ジクロロエチレン等に変化することがある。	六価クロム等の陰イオンの形態をとるものは、土壌に吸着されにくいため、地下深部まで汚染が及び、また広範囲に汚染が広がることもある。	土壌への窒素負荷を完全になくすことは、困難である。

の特徴をまとめたものです。窒素肥料の使いすぎや家畜の飼育場からの排水によって、硝酸性物質による水質汚染が起こります。これは日本でも非常に深刻です。東京周辺では工場の汚染土などの集積場近辺で発がん性がある六価クロムによる地下水汚染が問題になったことがありますが、これらの重金属などによる地下水汚染もあります。また、有機塩素化合物、クリーニングなどで使われたテトラクロロエチレン、半導体作業で使われるトリクロロエチレンによる汚染は拡散が早いために影響が出る範囲が広くなります。

1906年にドイツの化学者が大気中の窒素から触媒を使ってアンモニアを合成する方法を開発しました。世界的な大発明で、大気中にある窒素を固定して肥料として大量に利用できるようになり、食料の増産に大きく貢献したのですが、これによって本来大気中にあった窒素が、地球の生態系の中に人為的に組み込まれるようになりました。その結果、水、土壌に入ってくる窒素の量が増え、非常に大きな環境問題になりつつあります。その窒素汚染の一局面が硝酸性窒素による地下水汚染です。窒素肥料などが地下に染みこむと、地下水ではもっと人体に有害な硝酸性窒素になります。子どもが硝酸分の多い地下水を飲むと貧血や命に関わる病気になるという問題も指摘され、飲料水中の基準が多くの国で定められています。

大量に供給される窒素分の大部分は化学反応で大気中から取り込んでいる窒素なので、これを地上の生態系、環境の中で引き受けなければいけません。窒素の過剰な投入は海の富栄養化などの重大な環境問題の原因になっていますが、地下水もそれからは逃れられません。

日本では、硝酸性窒素による地下水汚染が深刻です。ほかには鉛やヒ素が問題になっていますが、これらのなかには自然起源のものもあります。トリクロロエチレンやテトラクロロエチレンは一時深刻だったのですが最近は対策が進んで基準超過は徐々に減っています。

窒素肥料の過剰使用による硝酸性窒素の汚染は今も大きな問題です。これが深刻になったのが岐阜県の各務原市です。地下水が非常に豊かな地域だったのですが、ある時深刻な硝酸性窒素による地下水汚染が見つかり、あっという間に地下水が使えなくなってしまいました。硝酸性窒素の発生源は農地の窒素肥料や畜産施設からの動物の糞尿なので、発生源が工場の場合のように、ポイントで絞ることができません。こういった環境汚染は「ノンポイント汚染」と呼ばれ、対策をとることが困難になります。

なぜ地下水は枯渇してしまうのか

「なぜ地下水は枯渇してしまうのか？」ということを考えてみましょう。「コモンズの悲劇」という言葉を聞かれたことがあるかと思います。「コモンズ」とは、は多くの人に開かれている共有財産のことです。

地下水というのは、日本では誰がどう使ってもいい、枯渇しようが構わない、そして企業が自由に使える資源でした。つまりコモンズです。それでも過剰な汲み上げで地盤沈下になると、さすがに規制がかかったわけですが、基本的には自分の足元にある地下水というのは自分のもので、自分で勝手に使っていいという資源です。もし自分が地下水を保全しようと大事にしていても、隣の人が汲み上げてしまったら、なんら手を出せず、自分の努力は無駄になります。それだったら自分で使った方がいいということになります。これが「コモンズの悲劇」という現象で、ギャレット・ハーディンというアメリカの生態学者が提唱した概念です。

つまりコモンズは、適切な管理が行われていないと、すべての人がそこから得られる利益を最大化しようと思って行動するため、結果的にだめになってしまうという現象です。公海の海洋資源も同様で、船があればどんどん勝手に捕ってもいい、誰のものでもない、だから乱獲が必然的に起こるという「乱獲の経済学」ということも言われています。大気と地球温暖化についても、誰もが温室効果ガスやフロンガスをそこに捨てることができる、でも、さすがにそういうことをしていると、大気の質も劣化してきて、オゾン層が破壊され、気候変動が起こるということです。

地下水がなぜ枯渇しているかと考えるとき、これは「コモンズの悲劇」の一例であるといえます。地下水も共有財産であって、アクセスが自由なので、そこから人々が少しでも多くの利益を求めようとすると資源が劣化していきます。地球環境問題はすべて、この「コモンズの悲劇」で括れるようなところがあって、環境問題、資源問題とか人口問題を解決するには、国際社会の中で、あるいは共同体の中でとレベルは様々ですが、この「コモンズの悲劇」問題をいかにして解決していくかということが重要なのです。地下水に関しても同じことがいえます。

地下水を守る取り組み

地下水は目に見えないのでモニタリングが難しく、質の変化や人間が与える影響もすぐにはわかりません。流動や涵養の仕組みもわからないので研究も規制も進みません。その中で利用量ばかりが増えていくという形で悪循環がどんどん起こっています。

資源が少なくなると調査も難しくなり、利用計画も立てられず、きちんとした政策も打てません。「コモンズの悲劇」を取り巻く悪循環が、地下水について起こっているのです。

では、地下水を守る仕組みというのはどういうものが考えられるでしょうか。共有資源を適切に管理し「コモンズの悲劇」を防ぐにはどうしたらいいかということになります。

すでに徐々に対策は進められていますが、一つには規制、例えば「取水規制」が考えられます。もう一つは人工的な地下水の涵養です。さらに重要なのは、地下水から利益を得ている企業や人が費用負担をして、地下水を守っている人や企業には、それ相当分の支援、つまり支払いがあっていいのではないかという考えです。いわば「水源税」ということになります。

千葉県、神奈川県秦野市、岐阜市などでは地下水保全条例というものができています。秦野市は丹沢や富士山にも近くて地下水で有名なところなのですが、汚染も深刻になってきました。そこで秦野市の人々が何をやっているかというと、地下水汚染対策基金というものを、地下水の利用者からお金を集めてつくって、その上で汚染対策を進めています。

安曇野ルール

長野県の安曇野市は「安曇野の水」でも有名で、非常に水の豊かなところです。ところが農業利用に加えて、ペットボトル向けの水需要が多くなり、地下水が年間600万トンずつ減少していることがわかってきました。涵養される量よりも大量の水を汲み上げてしまっていることが原因で、地下水の量が減り、湧水が涸れて、名物のワサビが枯れるというようなことも起こりました。そこで、市は2010年に地下水保全対策研究委員会という組織を設け、そこで「地下水資源強化・活用指針」がまとめられました。

委員会の提言は二つあります。一つは地下水の人工的な涵養対策の推進です。その中に「冬水田んぼ」があります。水田で冬に完全に水を抜いて、カラカラにしておかずに、冬にも水を張っておくというものです。昔は当たり前のことだったらしいのですが、最近ではこれがなくなってしまっています。冬でも水田の水が涸れないことは生物多様性上も有意義なことなのですが、地下水の涵養という点でも非常にいいということで奨励されています。他にも雨水浸透施設の設置拡大や、水が地下に染みこみやすいような舗装をすることが行われています。

これらの対策をする場合、費用負担も重要になります。また、検討課題ということになっているのですが、地下水の単価に地下水利用量を掛け、それに様々な係数を掛けて受益者、地下水の利用者が料金負担をするという方法も一案として提言されています。かつてないルールで、関係者からは期待されています。

熊本県の取り組み

熊本県は地下水が非常に豊かな場所で、水利用の8割を地下水に頼っています。阿蘇山が集水域になっているうえに、地下は火山質なので帯水層が発達しやすいのです。富士山の周りや阿蘇の周りなど、火山地帯は地下水が非常に豊かです。ただ、豊かなだけに地下水をどんどん汲み上げてしまっているのではまずいだろう、ということで条例を設けた対策が行われてきました。2012年4月の改正では初めて地下水を「公共の水」と位置づけましたが、これは画期的なことです。

地下水を公共の水として位置づけたうえで、化学物質の使用の抑制を努力義務としました。硝酸性窒素などについては、特に汚染対策として行政が中心となって進めることになりました。同年10月には再度改正が行われ、厳しいくみ上げの規制が導入されました。特に地下水が重要なところでは許可制が導入され、節水の取り組みなどが奨励されています。地下水を汲み上げた人は全部といわないまでも、それに応じた涵養対策が義務づけられました。違反者に対する罰則も定められた厳しい地下水条例となっています。

熊本県地下水保全条例

1978 年　大口採取の届け出
1990 年　厳しい地下水基準
2000 年　２つを一本化

2012 年の条例改正
(1) 地下水を「公共水」として位置づけ
(2) 対象化学物質の使用の抑制等を努力義務
(3) 水質事故時の公表について規定
(4) 対象事業場の施設の定期点検・整備を努力義務
(5) 硝酸性窒素等汚染対策の推進を規定

海外での取り組み

海外に目をうつすと、オランダにはかつて地下水税という税があり、利用者から税金を取って地下水保全や涵養推進対策が進められていました。利用者は取水量に応じて税金を払わなければなりませんでした。オランダのある州で始まり、世界で初めて全国レベルで展開されたものですが、２０１２年に廃止されています。

ドイツも一部の州政府で取水量に応じた水資源税という形で導入されました。地下水の枯渇が深刻な場所の一つであるアメリカのテキサス州にも保全のための州法があって、井戸からの取水量に応じて課徴金が課されています。

地下水涵養の手段

人工的に地下水を涵養するにはどのような手段があるでしょうか。直接、工学的な手法で地下水を涵養する技術も多数ありますが、重要なのは「間接的な涵養法」です。このような手法による地下水涵養を、課税を通じて確保した税金を使って行うことを検討する地方自治体などが日本でも増えています。

最近、特に話題になっているテーマの一つが、地下水源などになっている森林を海外の資金で買い占める動きがあるという話です。水不足が深刻な中国の資本家が日本の地下水資源などを狙って土地を買い占めているという説ですが、実態をどれだけ反映しているかとなると根拠はあまりありません。水を日本の森林地帯で採取して中国に輸出しようとしている企業があるとはあまり思わないのですが、このような問題が指摘されるなか、地下水資源保護などのために、地下水の涵養源である場所や、地下水にとって重要なところでは、海外資本による森林の買収を規制しようという動きを見せている自治体もあります。

国レベルの動きもあります。超党派の国会議員や民間の有識者で構成する水循環基本法研究会が、２００９年12月に水循環基本法要綱案をまとめました。これを受けて水制度改革議員連盟が発足、その提案を全党が支持する形で２０１４年3月に水循環基本法が成立しました（4月公布、7月施行）。これは健全な水循環を維持し、回復させることなどを目的とするもので、地下水を含む水資源が国民共有の貴重な財産であり、公共性の高いものであるということが初めて法的に位置づけられました。２０１５年7月には水循環基本計画が策定され、水の貯留・涵養機能の維持向上などに政府が総合的かつ計画的な施策を講じることが定められました。

地下水は公の水

地下水というのは、自由に採取できうる「私水」なので原則として無料です。前述のようにこれが地下水をめぐる「コモンズの悲劇」の背景になりました。

これを防ぐには地下水をその上の土地を持つ人の私有財産と考えるのでなく、日本全体の公共財産だという考えに発想を転換させることが重要になります。公共財産なので、誰もが過剰な採取はできないし、汚してもいけないということになります。地下水を公水として考え、それを利用している者、その利用によって利益を得ている者には、一定の費用負担をしてもらう、そのうえで、森を守り、地下水を守っている人、あるいは地下水の涵養に貢献しているような人には、地下水保全活動に応じた対価を払う、という仕組みを作らない限り地下水は守れず、地下水の減少や劣化がどんどん進んでしまうのではないかと思います。

生態系が持つ価値、自然の恵みを経済的評価し、受益者や資源に損害を及ぼした責任者が適切な費用を負担し、逆に生態系を守った人は応分の支払いが受けられるようにする仕組みをつくることは、地下水保全だけでなく、森林保護や地球温暖化の防止、生物多様性の保全などでも重要です。

コスタリカでは20年ほど前から同じようなことが行われてきました。地下水を扱う水道事業者は、上流にある森の持ち主にお金を払わなければいけないという仕組みです。森を守るインセンティブが作られた結果、コスタリカでは過去約20年間で、農地開発などで伐採されていた森林の伐採量が減り、植林も進んで森林面積が増えてきました。

日本でもこういった形で、地下水やその涵養に貢献する森林や水田が豊かにする仕組みがつくられれば、結果として国土も豊かになり、自然の恵みも大きくなることが期待されます。森林や地下水は、富を生み出す貴重な「自然資本」であると考え、すべての関係者がそこから得られる自然の恵みを大きくするために協力してゆくことは、とても重要なことだと思います。

第4章

農業・農村における水の利用

世界の水需要

世界の水需要をみてみると、将来世界中で水需要が増えることが考えられます。

地域別の人口と水資源の賦存量を比較すると、アジアの人口は世界人口の6割ですが36％しか水がありません。アメリカでは人口8％に対し15％の水があります。アフリカでは人口に対して少ない水で生活しなければなりません。このように、世界中で一人当たりに使える水の量に大きな差があることがわかります。中東やアジア、アフリカ等で水が不足していますが、一般的にこのような地域はＧＤＰが低く、水を効率的に利用できないことも水問題に関係していると考えられます。

作物は、将来東アジアで需要量が大きく増えることが予想されます。世界の水資源の約70％が農業に使われていますが、作物の需要量が増えることで、水需要の増加が考えられます。

メコン川で生産ポテンシャルと実際の生産量を比較すると、7トン程度取れるポテンシャルがあるのに、実際には3トンしか取れていません。理由は水不足、肥料不足です。水の効率的な利用というのは食料問題に大きく関係しています。

肉の需要量を見ると、世界中で肉の消費量は増えていますが、特に中国で増大しています。肉の生産には多くの水が必要であり、食生活の変動が水使用量に影響を与えます。

以上のように、世界中の水のうち約7割が農業用水であり、また最近では工業の発展、生活様式の変化から工業用水、生活用水の増加がみられ、水需要が増大しています。

では、日本に関してみてみましょう。日本では、江戸時代から人口および耕地面積が増加しています。水の利用実態をみると、平均して70%の水が農業に使用されています。世界でも日本でも農業用水は大きな割合を占めています。

ではどれだけの水が使われているのでしょう

世界の地域別水資源賦存量と人口の比率

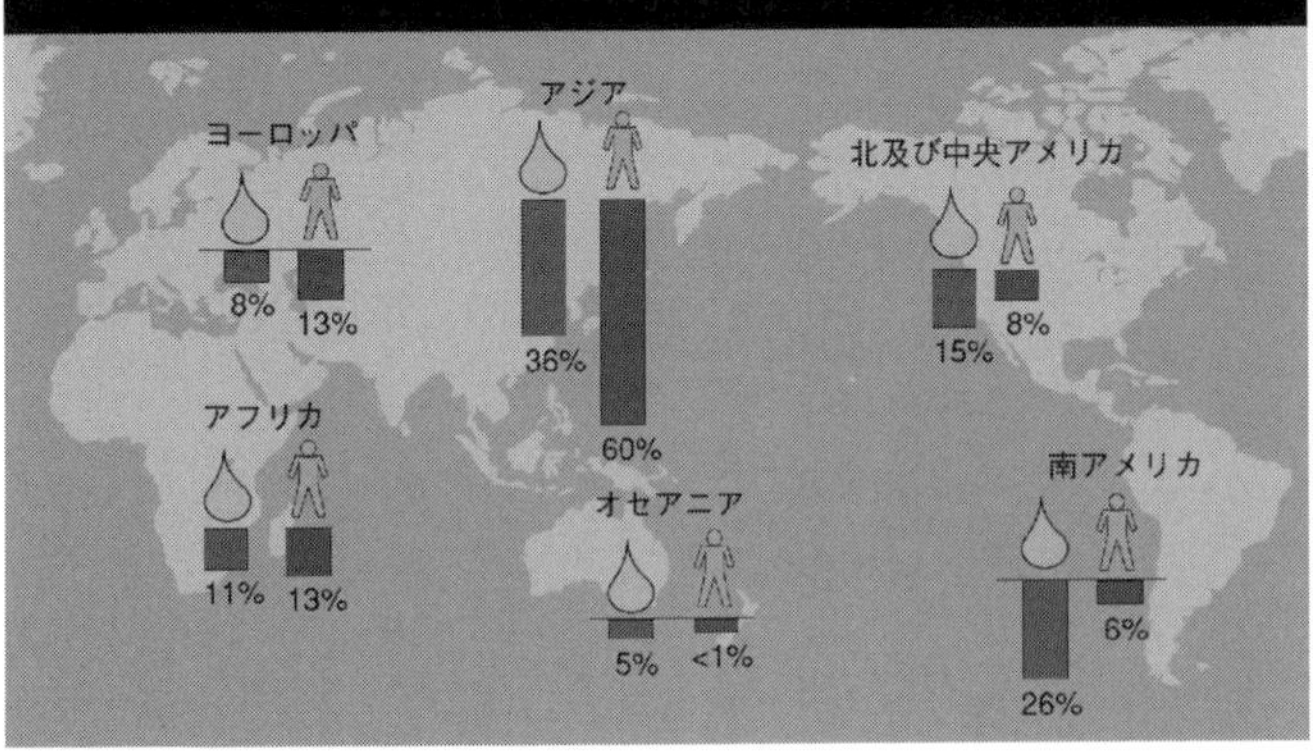

世界水アセスメント計画 “World water Development. Report” のデータをもとに国土交通省水資源部作成

か。空からの雨のうち5分の1を我々は利用することができます。その中の大半はやはり農業用水に用いられています。

日本における用水の供給状況を見ると、工業用水に年間降水量（1750㎜）の2・4％（42㎜）、生活用水に年間降水量の2・6％（45㎜）が使用されています。なお、1年に1㎜の降水量は、国土面積をかけると3・7億立方メートルの水量に相当する計算になります。また、農業用水は年間降水量の9・0％（158㎜）を占めて使用量が大きく、日本では全消費水量の半分以上が農業用水として利用されていることになります。これは水を大量に必要とする水田農業が盛んに行われており、これにより

日本の水利用

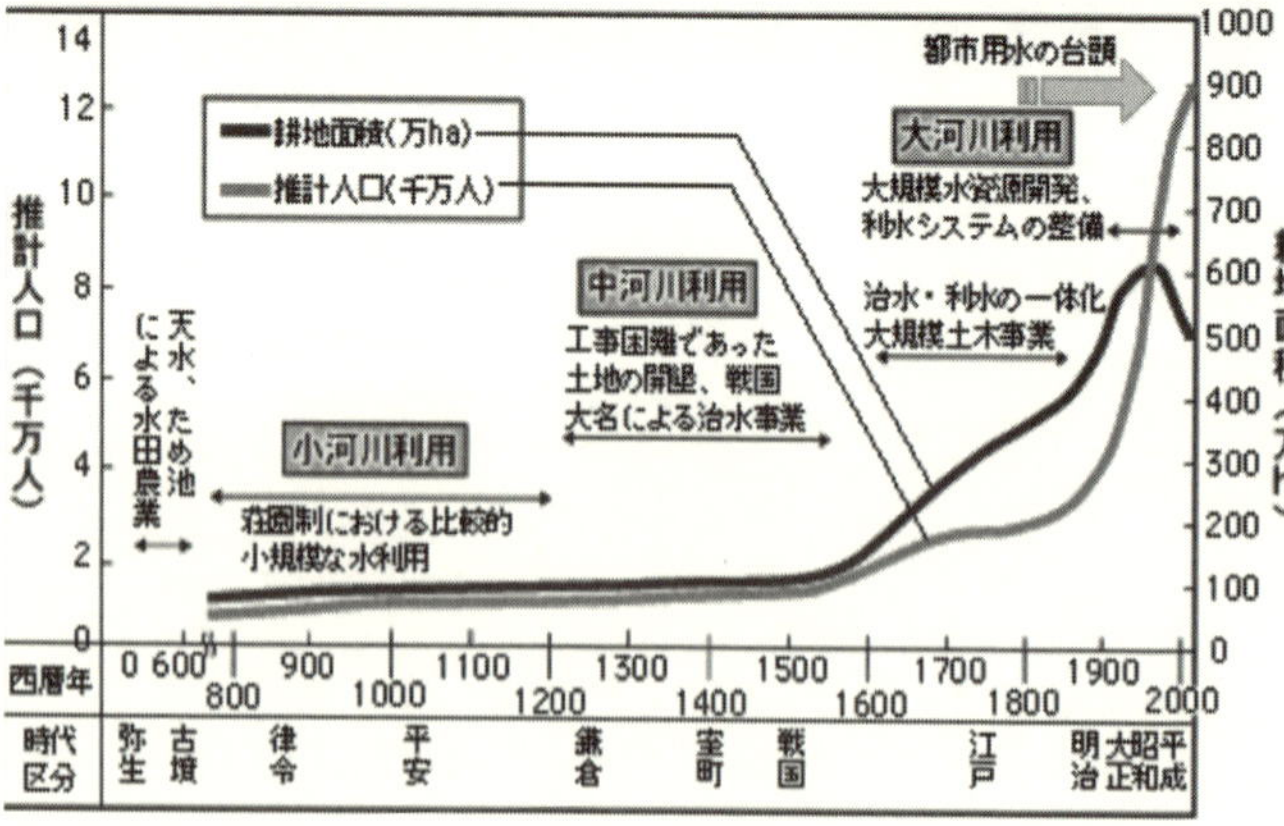

大量の農業用水が必要となっていますが、日本人の主食である美味しいお米を作るためには不可欠な用水と言えるでしょう。

灌漑はなぜ必要か

作物は光合成をします。光合成には光と二酸化炭素と水が必要ですが、そのなかで唯一人間がコントロールすることができるものが水です。灌漑とは、人為的に農地の水環境をコントロールすることです。灌漑を行うことによって、土地生産性、労働生産性の向上および省力化ができます。

今まで多くの灌漑排水事業が行われてきましたが、現在では様々な課題が存在します。農家の高齢化、後継者問題といった農業の衰退および事業の調整不足といったものです。「灌漑排水」は農業生産の技術ですが、ダムや水路を作るといった工学エンジニアだけの話ではなく、社会工学的な人を動かすような技術です。「灌漑利水」というのはそれらを科学的に創造するものです。

わが国では平均１７００㎜の降雨がありますが、農地の半分が水田です。水田ではシロカキ、田植えをするために水を張らないといけません。雑草抑制、地温保護のためにも湛水が必要です。自然の降雨を待つだけでは不可能であり、灌漑が必要になります。実際に日本の水田の90％は灌漑水路を有しています。

平均的に、年間降水量の約3分の1は梅雨時期、秋雨時期に集中して降ります。その間の最も暑く、作物が成長する7～9月は比較的少雨であり、この時期に成長を保証するためにも灌漑が必要といえます。

畑作については定植期、播種期頃（5月頃）は比較的少雨で、労働生産性の確保のために灌漑が必要です。品質管理の点からも、適当な水管理は必要です。

つまり、水田でも畑でも、わが国では灌漑があったほうが効率的で戦略的な農業が営めるといえるでしょう。

水田の水収支

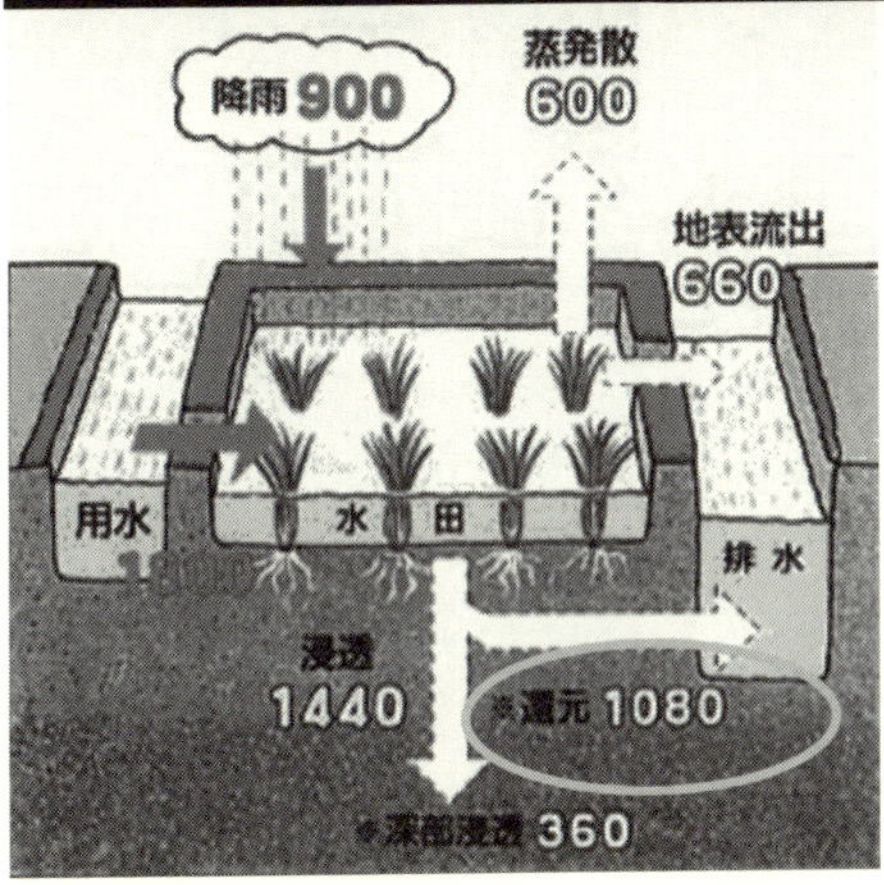

供給	
降雨	900
用水	1800
計	2700

供出	
浸透	1440
（深部浸透＝360	
地表水還元＝1080）	
蒸発散	600
地表流出	660
計	2700

水田には多くの雨が降ります。そのうちの一部は浸透し地下水になり、一部は排水となり排水路に出ていき、一部は蒸発散によって大気に出ていきます。このように多くの水を使っているようで、作物に利用される量は大した量ではありません。どれだけの水が入ってどれだけの水がどこに使われるかということを解明することが灌漑を考えるうえで重要です。

同じように河川から取水された農業用水は灌漑に使用された後、その約7割が河川に、2割が地下水に還元されます。つまり約1割しか作物の生産に使用されていません。

カンボジアの水田は、日本の水田と同じように見えますが、排水路がありません。カンボジアでは、段々に上の水田から下の水田に水を配っていく形であり、ネットワークができていま

末端水路の通水試験

末端水路の利用方法に関する農民説明

す。したがって下の水田は上の影響を大きく受け、水量が少なくなることがあります。現地では末端まで水が届かないことが大きな問題となっており、そこで、ポンプを有効に使用することでまんべんなく水が行き届くようになるということを農民に説明しました。そうすることによって生産性が向上しました。

灌漑・農業の多面的機能

灌漑は作物の生産性を上げるための手段の一つですが、他にも多面的な機能があります。

(1) 水田用水の確保
(2) 畑地用水の確保
(3) 畜産用水の確保
(4) 消雪用水の確保
(5) 防火用水の確保
(6) 水源の涵養
(7) 親水空間の形成
(8) 景観の形成
(9) 生態系の保全

こういった多面的な機能を持つ灌漑に支えられた農業にもまた、多面的な機能があります。農業の多面的機能に関して詳しく見ていきましょう。

まず、農地の洪水防止機能があります。多量の雨が降ったとき、水田に水を溜めることによってピークを遅らせ、急な河川の増水を防ぐことができます。このようにダムと同じような洪水防止機能を持ちます。

また、降った雨の一部は浸透し、地下水となります。熊本を例にとってみます。熊本市の飲み水のほとんどは地下水です。上流で農業用に溜めた水が地下水となり飲み水となっているといえます。し

多面的機能

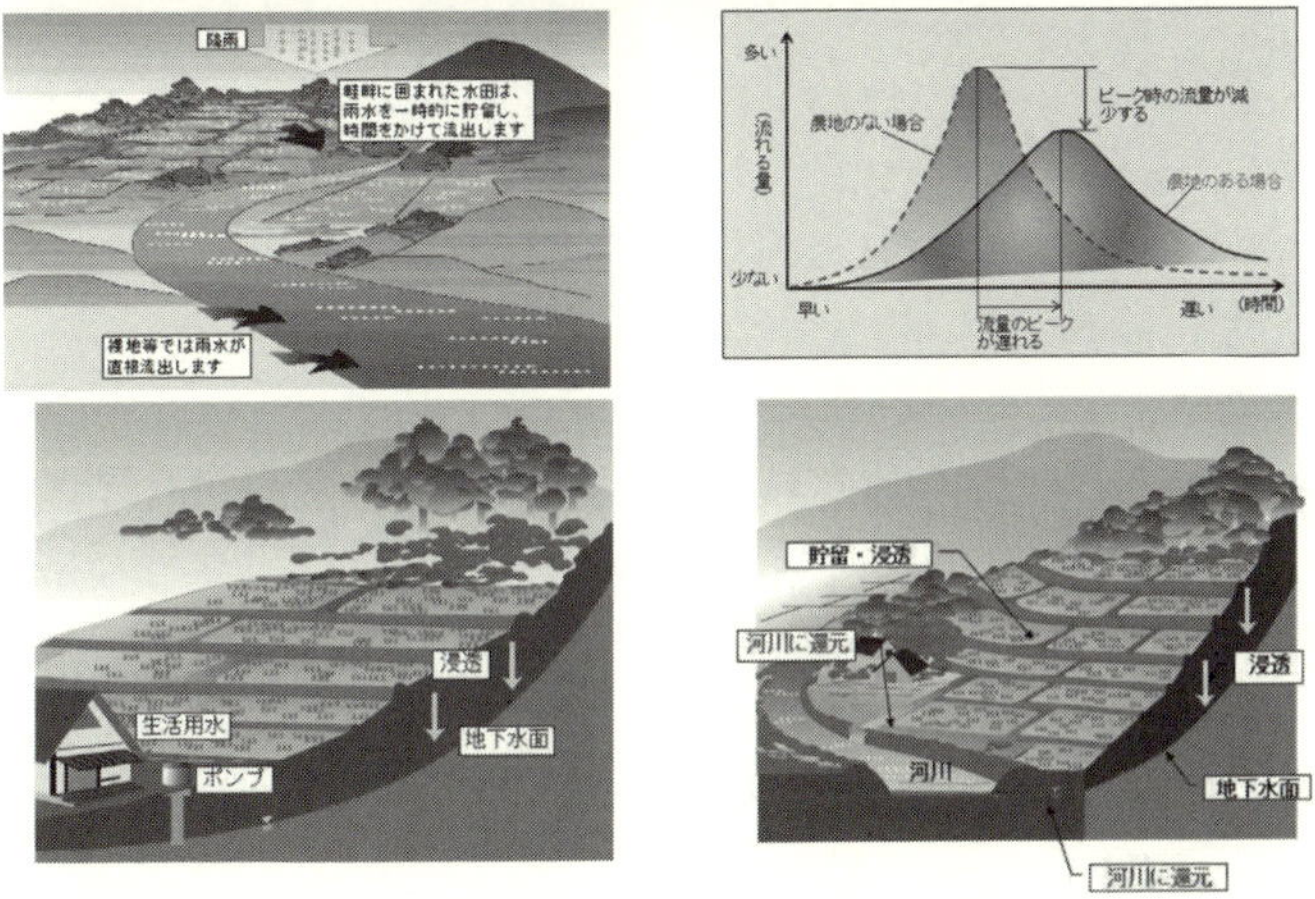

かし現在、コメが余ることによる転作によって問題が生じています。水田がどんどん畑地に変わっていっています。そうすると、湛水をしなくなることによって、熊本の地下水位はどんどん下がっていることがわかっています。熊本県では地下水を涵養するために、お金を出して上流で転作田での耕作の前後に湛水してもらう試みがなされています。

水田にはゲンゴロウやメダカ等の多くの昆虫や水生動物がいます。昔から水田は生物のすみかとして生物多様性に大きく貢献をしてきました。コンクリートで覆われた都市はヒートアイランド現象で気温がすぐに上昇しますが、水田での移流や蒸発熱によって気温が下がることが

郡上八幡の水利用

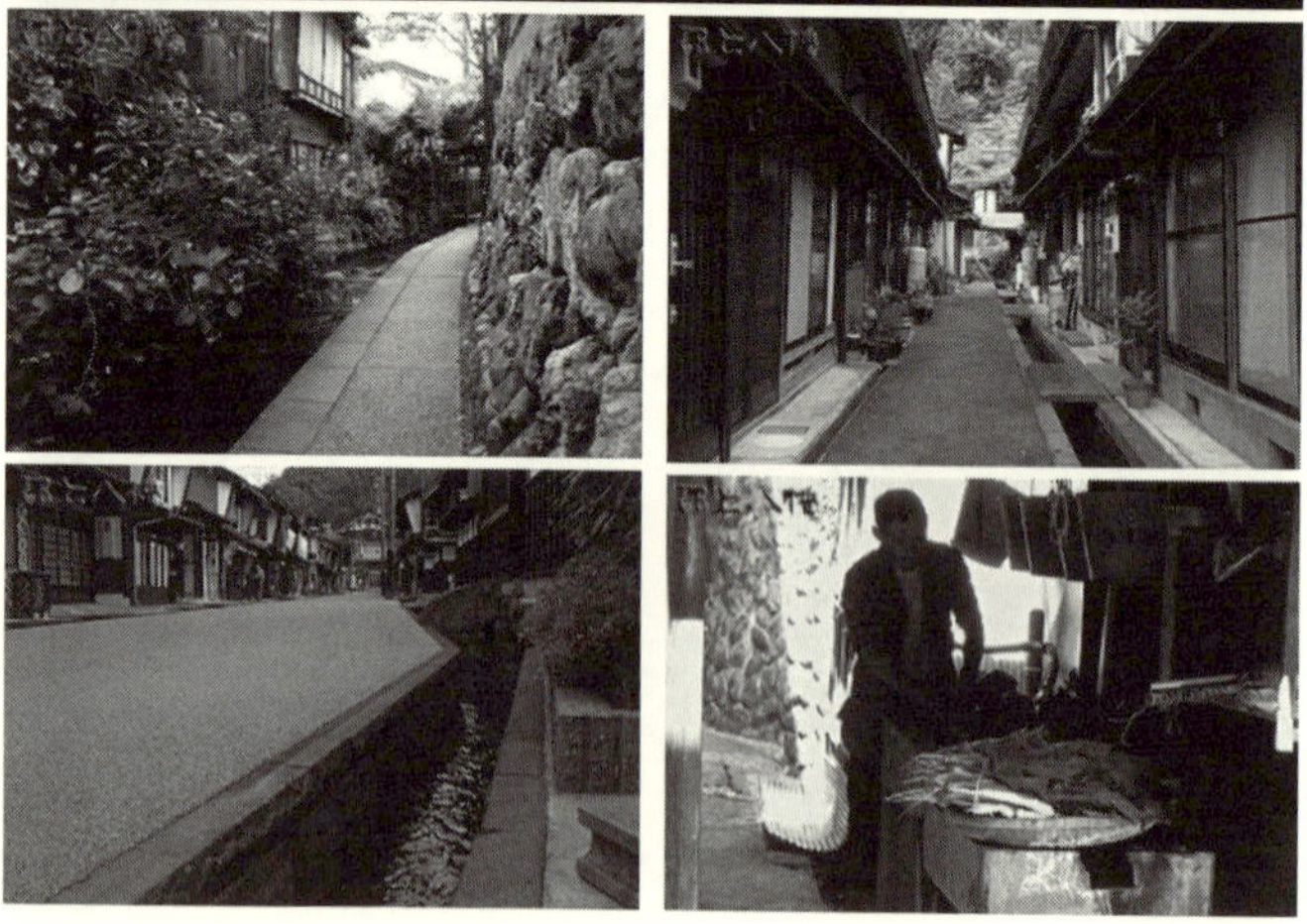

あります。また一般的に、日本の美しい村といわれるところには大体水田が存在します。そこで農業が行われているからこそ美しい景観が保たれているといえるでしょう。

岐阜県の群上八幡では町の中に水路が走っており、その水を使って農作物を洗ったりしています。農村の風景の一例です。

多面的機能をお金に換算するとどうなるでしょうか。日本学術会議の2001年の答申では、例えば洪水防止機能は約3兆5000億円／年となっており、すべて足すと約8兆円にもなります。この金額は農業総生産額（8・05兆円、2010年度）に相当するとても大きな金額です。以上のように灌漑は農業生産だけでなく多くの機能を作り出しています。

農業の多面的機能の貨幣評価

機能の種類	評価額	評価方法
洪水防止機能	3兆4,988億円/年	治水ダムを代替財として評価
土砂崩壊防止機能	4,782億円/年	土砂崩壊の被害抑止額によって評価
土壌浸食（流出）防止機能	3,318億円/年	砂防ダムを代替財として評価
河川流況安定機能	1兆4,633億円/年	利水ダムを代替財として評価
地下水涵養機能	537億円/年	地下水と上水道との利用上の差額によって評価

（注1）日本学術会議における討議内容を踏まえて行った貨幣評価の結果のうち、答申に盛り込まれたもの。
（注2）農業の有する機能は、評価に用いられた代替財の機能とは性格の異なる面があること等に留意する必要がある。

灌漑の負の側面

灌漑には負の側面もあります。

まず、不適切な水管理が問題を引き起こします。アラル海は昔は大きな海でしたが、現在は大きく縮小しています。灌漑で水を取りすぎてアラル海への流入量が減ったためです。また、農地では塩害が起こっています。灌漑水に塩が含まれていたり、農地に元々塩が含まれていました。そこでたくさん灌漑をすると、地下水が上昇し、塩が地表に出てきます。それを抑制するためには排水をすること、洗い流すことが大事なのですが、経済的に厳しいところも多くあります。塩類集積がいったん起こると、図のように負のスパイラルに入ってしまい、その地域で様々な問題が起こります。

日本ではあまり関係のない話ですが、水に起因する健康問題としてマラリア、デング熱、赤痢があります。マラリアは蚊を媒体とするので、蚊を発生させないように水を管理することによって抑制しています。発展途上国では灌漑用水をそのまま飲んでいるところがあります。そのような人々は常に健康の問題に直面しているといっても過言ではありません。飲み水の水質も、確保しなくてはならない大きな問題です。

また、再利用水を灌漑に使用すると ころで重金属が入っていると、健康問題につながります。化学肥料の窒素や、除草剤殺虫剤が灌漑水に入り、それを飲むことで健康被害をもたらします。

水のないところでは、水による健康問題が深刻になっているのです。

塩類集積が引き起こす負のスパイラルループ

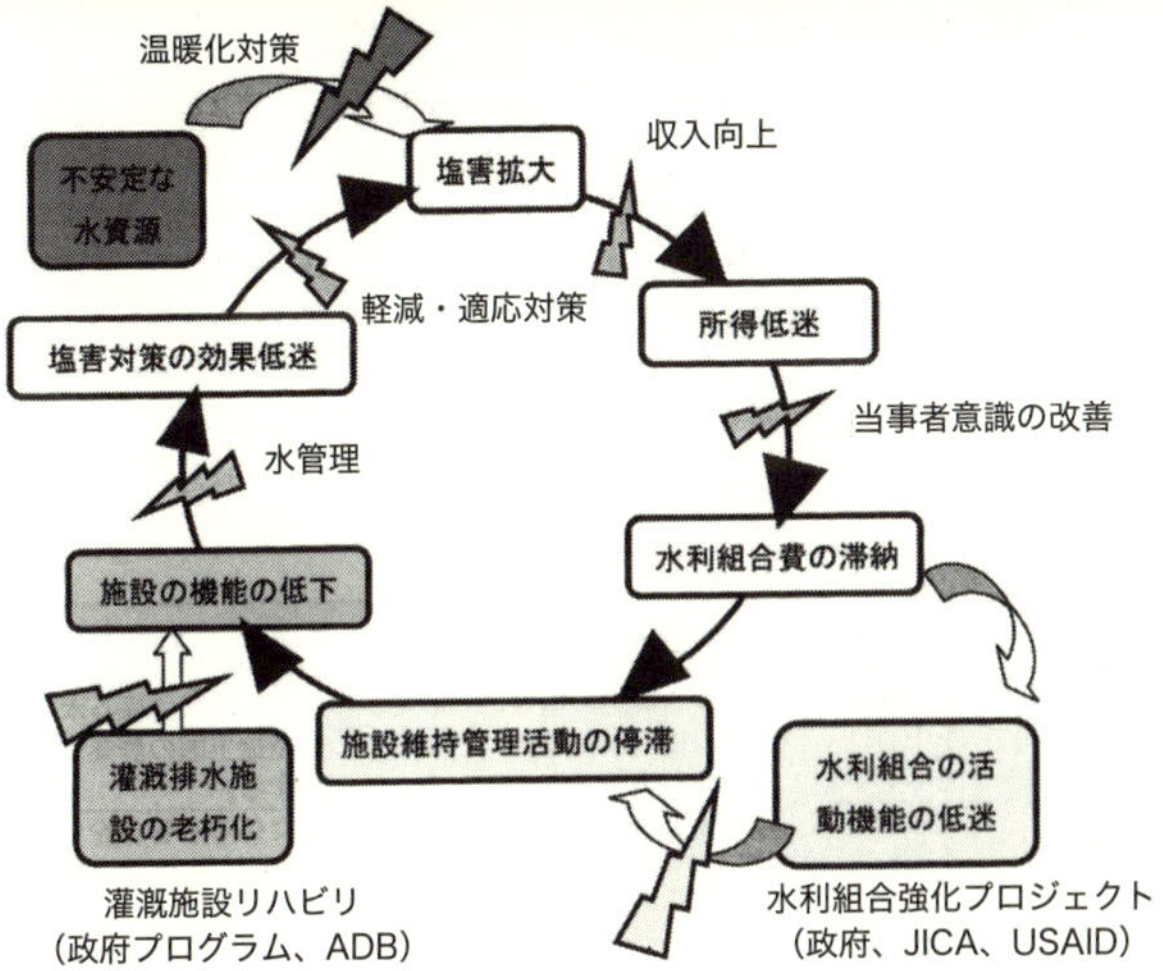

農業上の水利用の展望

１９９０年代から２０００年にかけて、国連を中心にまとめられたミレニアム開発目標では、「水」に関して、安全な飲料水と基礎的な衛生施設を継続的に利用できない人々の割合を２０１５年までに半減させる、という目標が掲げられています。

3年に1回、世界水フォーラムという国際会議が行われていますが、２０１２年のフランスでのフォーラムでは、その取り組みを加速しようという議論が起こりました。

同様にリオデジャネイロで今後の国際開発に関して議論されましたが、天然資源を平等に使うこと、多面的機能を管理していくこと、持続的な農業をすることなどが約束されました。

こうした議論をうけて、世界中で水ビジネスが成長しています。例えば北九州市では水道のシステムを世界中に売ろうと考えています。水道だけでなく下水道のシステムを世界中に売っているところもあります。

工業や生活等で水の利用が増えている中で、世界中の水の使用量の3分の2を占めている農業は効率的な水利用を考えていかなければなりません。そのために我々は何をしなければならないかということを含めて、農業・農村における水の利用というテーマに関心を持っていただきたいと思います。

成長する世界の水ビジネス市場

地域別成長見通し

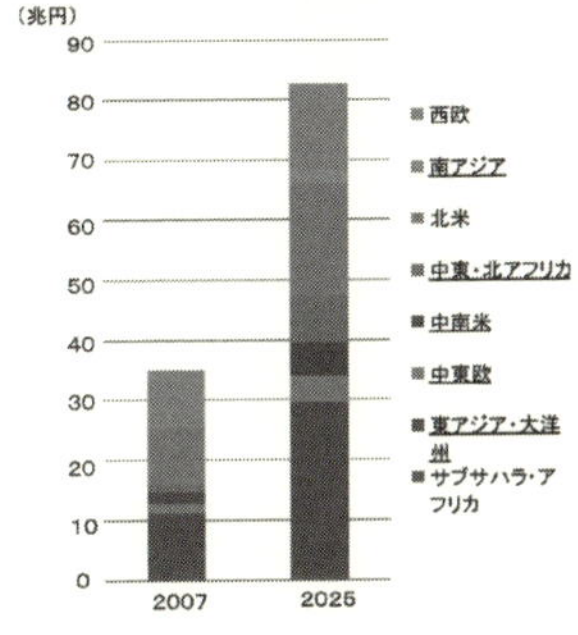

分野別成長見通し

(上段:2025年…合計87兆円、下段:2007年…合計36兆円)

業務分野 / 事業分野	素材・部材供給 コンサル・建設・設計	管理・運営サービス	合計
上水	19．0兆円 (6．6兆円)	19．8兆円 (10．6兆円)	38．8兆円 (17．2兆円)
海水淡水化	1．0兆円 (0．5兆円)	3．4兆円 (0．7兆円)	4．4兆円 (1．2兆円)
工業用水・工業下水	5．3兆円 (2．2兆円)	0．4兆円 (0．2兆円)	5．7兆円 (2．4兆円)
再利用水	2．1兆円 (0．1兆円)	-	2．1兆円 (0．1兆円)
下水(処理)	21．1兆円 (7．5兆円)	14．4兆円 (7．8兆円)	35．5兆円 (15．3兆円)
合計	48．5兆円 (16．9兆円)	38．0兆円 (19．3兆円)	86．5兆円 (36．2兆円)

□:ボリュームゾーン(市場の伸び2倍以上、市場規模10兆円以上)
■:成長ゾーン (市場の伸び3倍以上)

1ドル＝100円換算

(出典：経済産業省『産業構造ビジョン2010』)

第5章

水資源の利用をめぐる国際紛争の解決

～「衡平原則」の機能と限界～

国際公共財としての水

地球上の水の中で淡水は約0・01％しかないため、水は貴重な資源となっています。実際に、世界全体で8億人以上が安全な飲み水を継続的に利用できない状況にあるといわれています。2001年に示されたミレニアム開発目標（MDGs）を継承する形で2015年に国連で採択された「持続可能な開発目標（SDGs）」では、「全ての人々に対する水と衛生の確保及びその持続可能な管理」が目標の一つとして掲げられています。

このように水問題に対する関心が国際社会において共有されるとともに、国内法制度のみならず、国際法、国際組織による調整と規律の必要性が高まっています。一般に、法の目的は「社会秩序の維持」と「社会づくり」であり、究極的には正義の実現であるといわれていますが、国内社会においてこうした法の目的を達成するのが国内法であり、国際社会では国際法となります。

では、どのような場合に水問題は国際法上の問題となるのでしょうか。大きく次の三つの場合が考えられます。

①水が国境を越えて存在する場合
（例えば国際河川、国際湖沼、越境地下水）
②国境を越えて水の利用が競合・対立する場合
（例えば生活用水、農業用水、水力発電、漁業）
③水問題（水不足や水汚染）が人権問題や環境問題と結びつく場合
（例えば環境難民、健康被害、砂漠化、生物多様性の減少、海洋汚染、海面上昇）

これらの場合においては、関係国間でどのように水資源の「衡平な利用」を実現するかが問題解決のポイントになります。このことを念頭におきながら、以下では若干の事例を紹介したうえで水問題と国際法の関わりについて考えてみましょう。

2000年に国連ミレニアムサミットで採択された国連ミレニアム宣言

2015年までに、（1990年に比べて）1日1ドル未満の収入しかない世界の人々の人口割合、餓えに苦しむ人々の割合を半減するとともに、同じく2015年までに安全な飲み水にアクセスできない人口割合を半減する。

2002年のヨハネスブルグサミットではさらに、

適切な衛生施設（トイレ）がない人々の割合も半減する

という文書も追加された。これを継承する形で「持続可能な開発目標」として2015年に

すべての人に水と衛生へのアクセスと持続可能な管理を確保する

という目標が掲げられた。

国際河川をめぐる対立と協力

ここでは国際河川をめぐる対立や協力関係がみられるいくつかのケースを紹介します。

メコン川

メコン川は、チベット高原を源流とし、南シナ海にそそぐ全長約４５００㎞の河川です。かつて上流国である中国が、福建省の辺りに八つのダムの建設計画を立て、下流国（ミャンマー、ラオス、タイ、カンボジア、ベトナム）が反発したことがありました。しかし、電力を下流国に供給するなど流域全体で一大経済圏を作ると同時に、下流の国々が南シナ

海へのアクセスなどを武器に交渉力を増加させたことにより、しだいに協力関係が導かれていきました。これは、問題をメコン川流域の地域開発としてパッケージ化したことにより協力関係が構築された例だといえるでしょう。

なお、この地域にはメコン川委員会（ＭＲＣ）や大メコン圏（ＧＭＳ）開発プログラムなど複数の地域的枠組みが存在しますが、最近ではラオスによるダム建設が進められるなど、経済成長に伴う流域開発や電力開発が新たな対立を招きつつあります。

ユーフラテス川・チグリス川

ユーフラテス川はトルコからシリアに入り、イラクに流れる全長約２８００㎞の河川で、チグリス川はトルコからイラクへ流れ、最下流でユーフラテス川と合流してペルシャ湾に流下する全長約１９００㎞の河川です。ユーフラテス川は流量が少ないうえに、トルコ、シリア、イラクの３か国にまたがっているため、水問題が深刻です。

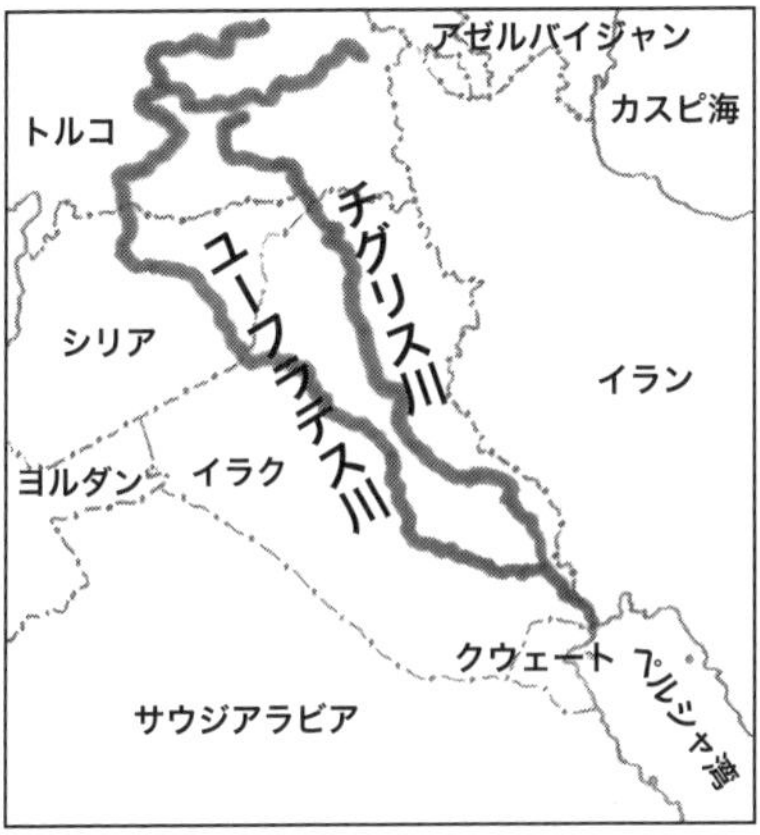

この地域の特徴として2か国間（トルコとシリア、シリアとイラク）の条約は存在するものの、3か国間での条約は存在しないことが挙げられます。2005年にユーフラテス・チグリス先導会議（ETIC）が設立され、議題のパッケージ化が試みられていますが、なかなかうまくいっていない現状があります。その理由としては、比較的大国であるトルコの経済がEUを指向しているために、3か国間で経済圏をつくるというインセンティブがあまり働いていないことが考えられます。

シルダリア川

シルダリア川は天山山脈に源を発し、キルギス、ウズベキスタン、タジキスタン、カザフスタンを経てアラル海（小アラル）に流入する全長約2200㎞の河川です。ソ連時代には下流のウズベキスタン、カザフスタンにおける綿花と米栽培のための灌漑が最優先とされたため多くのダムが建設され、その代償として石炭、石油、ガスなど

の下流2共和国の豊富なエネルギー資源が上流国に供給されていました。

しかし、ソ連崩壊後、下流国側が上流国へのエネルギーの供給に対して対価を求めるようになりました。それに対し、上流国のキルギスは自国の水資源を自国の利益のために活用する方針を選択するようになり、夏季の放水量が大幅に減少しました。その結果、下流における夏季の灌漑用水の不足や冬季の洪水などが発生するようになっています。現在依然として対立が続いている問題です。

ナイル川

ナイル川は、ブルンジを源とする「白ナイル」がスーダンのハルツームでエチオピアを源とする「青ナイル」と合流し、エジプトを通過して地中海に注ぐ全長6690㎞の世界最長の河川です。そのこともあり、流域国はエジプト、スーダン、南スーダン、エリトリア、エチオピア、ウガンダ、ケニア、タンザ

ニア、コンゴ民主共和国、ルワンダ、ブルンジの11か国に及びます。

このナイル川における水利用の問題は、1958年に下流国であるエジプトがアスワンダムを建設したことに始まった点が特徴的です。1959年にはエジプトと、同じく下流側に位置するスーダンが「ナイル川完全利用協定」を締結しましたが、これはエジプトとスーダンがナイル川の水の利権を独占するという一方的なものであり、当然ながら上流国側からは反発が起こりました。1999年には世界銀行の支援によってエリトリアを除く9か国（2011年の南スーダン独立までは、流域国は10か国でした）で「ナイル川流域イニシアティブ（NBI）」が設立され、水資源の利用や開発における協力について協議がおこなわれていますが、水の利用の拡大を主張する上流国側と、利用可能水量を維持したい下流国側の対立が続いています。2010年にはすべての流域国領域内における水資源の「衡平かつ合理的な利用」を定める「ナイル川流域協力枠組協定」が採択されましたが、エジプトとスーダンは拒否している状態です。

ヨルダン川

ヨルダン川はゴラン高原から南へ流れ、死海へと注ぐ全長425㎞の河川であり、イスラエル、パレスチナ、ヨルダン、シリア、レバノンが流域国・地域となります。

ヨルダン川上流の水資源はチベリアス湖から年間5億㎥が地中海方面へ国営水路によって流域変更されています。そのため渇水期にはチベリアス湖から下流には淡水がほとんど流出しなくなるといいます。

1964年にアラブ諸国はヨルダン川上流から内陸側に河川を転流させ、ダムに貯留する計画を立てました。しかしイスラエル側は転流工事現場に軍事攻撃をかけ、それが1967年の第三次中東戦争の引き金になったといわれています。同年のイスラエルによる西岸地区とゴラン高原の占領は、淡水資源の確保が目的の一つでした。また、イスラエルは西岸地区の水の8割を消費する一方で、パレスチナはイスラエルの使用量の2%しか消費していないともいわれています。

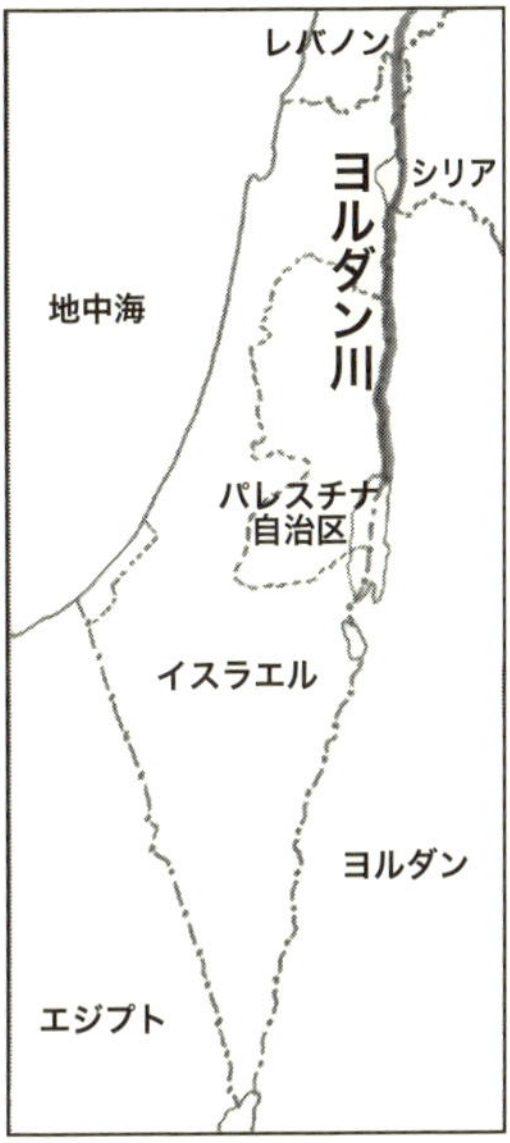

国際法とは

ここで簡単に国際法について紹介しましょう。

国際法（international law）とは国家を基本的な構成要素とする国際社会の秩序を維持し、国際社会の共通利益を実現するための一群のルールです。国際社会には日本の「国会」のような統一的な立法機関が存在しないため、二国間で、あるいは多数国間でお互いに「合意」を結ぶことによってルールを生み出しています。

具体的な国際法の存在形式には条約と慣習国際法の二つがあります。条約とは国家間において文書の形式によって示され、国際法によって規律される合意であり、慣習国際法とは国家実行の積み重ねとそれが法であるという信念（法的確信）によって生じる不文の国際法です。条約に拘束されるのは条約に参加した国家だけであるのに対し、慣習国際法の場合は国際社会のすべての国家が拘束される点が特徴です。

国際法を理解するためには主権と国家管轄権という概念も重要です。世界のあらゆる国々には国家主権が認められます。国家主権には対内的側面として領域主権とそこから導き出される具体的な支配権である国家管轄権があり、対外的な側面として独立権と平等権があります。

ただし、国家主権は絶対的なものではありません。国家は自国領域を排他的・包括的に支配しますが、その反面、自国領域における自らの活動や自国民の活動が他国の法益を害さないようにする慣習国際法上の義務を負っています。これを「領域使用の管理責任の原則」といいます。

このように、各国の領域主権や国家管轄権の行使を調整するのは国際法の重要な役割の一つとなっています。

国際法は「合意」によって成立する

■どの国も国際社会では「独立」「平等」の存在である。お互いの「主権」は尊重しなければならない。
■国際社会には日本の「国会」のような統一的な立法機関が存在しない。

↓

したがって国際社会では二国間で、あるいは多数国間でお互いに「合意」を結ぶ（約束する）ことによってルールを生み出している。

国際河川・越境地下水に関する国際法

まず、広義の国際河川とは、

①条約によって国際社会に開放された河川（国際法上の国際河川）
②複数の国を貫流する水路（連続河川、越境水路）
③複数の国の国境を形成する河川（境界河川）

以上の三つを指します。これらのうち、国境をまたぐ河川は世界で261本存在し、その流域には世界人口の4割が生活しているといわれています。

国際河川の利用形態としては「航行」と「非航行的利用」（生活用水、発電、農業など）

がありますが、特に多いのは「非航行的利用」に関する争いです。それは、水の希少性や代替不可能性がクローズアップされるためでしょう。その際、流域諸国には、国際法を通した水資源の利用や水質管理に向けた協力、紛争の防止や解決が求められることになります。1997年の「国際水路非航行的利用条約」はこの点で重要な意義をもっています。しかし、国際河川に関する国際法は発達が遅れているうえ、変動し続けています。さらに、現在の水問題は人権と環境と開発の問題が交錯した非常に複雑な様相を呈しているのです。

国際河川の利用に関する理論的基盤

①領域主権論（ハーモン主義）

国家は自国領域内を流れる河川の利用に関しては絶対的な権力を有しており、他の沿岸国（特に下流国）の利用を考慮することなく、自由に用いることができるという考え方です。

19世紀後半に米国の司法長官ハーモンが、米国によるリオ・グランデ川の利用について抗議した下流国側のメキシコに対し、国内を流れる河川に対する排他的な主権を主張したことから「ハーモン主義」または「ハーモン・ドクトリン」とも呼ばれています。基本的には上流国側の論理で、たとえばメコン川における中国、ユーフラテス・チグリス川におけるトルコはこの立場を採用していると思われます。

②領土保全論

国家は河川が自然な流れをたどることを認めなければならない。したがって、上流国は適切な水路を通して自然な流水を下流国に流さねばならない、という考え方です。基本的には下流国側の論理であり、この立場によると、河川の水質や流量の変化をもたらす事業を行う上流国は下流国の同意を得なければならないということになります。

この点、フランスとスペインが国際裁判で争った「ラヌー湖事件」（１９５７年）では、上流国であるフランスによる河川の転流計画に下流国のスペインの同意は国際法上必要ないと判示されています。しかし、同時に裁判所は、こうした場合に計画を実施する側は関係国に対する「通報」や「協議」の義務が存在することを認定しました。

国際河川の利用に関する理論的基盤

①領域主権論
（ハーモン主義、ハーモン・ドクトリン）

②領土保全論

③制限主権論

④共同財産・共同管理論

③制限主権論

国家の自国領域に対する主権は、他の諸国に重大な害を及ぼさないように使用しなければならないという義務（領域使用の管理責任の原則）により制限されています。つまり、国家は他の沿岸国に被害を与えるような形で自国領域内の国際河川を使用したり使用を許容したりしてはならないという考え方です。ここには「衡平原則」との接点が確認できます。

この点、たとえば1966年に採択された「国際河川水利用ヘルシンキ規則」は、「各流域国は、その領域内において、国際河川流域水の有益な利用につき合理的かつ衡平な配分を享受する権利を有する」と規定しています。つまり、国際河川は衡平原則という基盤の上で利用されなければならないということです。

④共同財産・共同管理論

国際河川は沿岸諸国の共有財産であるという理念のもと、一定の結びつき（究極的には流域共同体）を形成して積極的に国際河川の共同管理を実現していこうとする考え方です。

1997年の「国際水路非航行的利用条約」が、第8条で「水路国は、主権平等、領土保全、互恵及び信義誠実を基礎として、国際水路の最適な利用と適切な保護を達成するために協力する」と規定したうえで「共同の機構又は委員会」の設置の可能性に触れ、さらに第24条1項で「水路国は、いずれかの国が要請する場合には、合同管理機構を設立する可能性を含めて、国際水路の管理に関する協議に入る」と規定しているのは、こうした河川の共同管理の考え方が背景にあるといえます（後述の「ガブチコボ・ナジマロシュ事件」も参照）。

現在は、国際河川の管理の方向は③④の考えのもとで定められています。その際に役立つ考えとして総合水資源管理（ＩＷＲＭ）があります。これは流域単位で河川を総合的・一体的に管理することで水資源の適正な配分を目指そうとする考え方であり、国際レベルでもユネスコやＥＵがガイドラインや指令を出しています。

国際法上の衡平原則

衡平（equity）とは、一般的規定である法を、その適用において具体的事例に適するように修正することです。つまり、完全な形式的平等ではなく、様々な要素を組み合わせて何が正義かを考えるということです。国際社会では様々な形でこの衡平原則が現れます。

たとえば、資源から得られる富を現在の世代と将来の世代の間で衡平に配分することを求める「世代間衡平」や、現在の世代の内部でもそれを実現するべきであるとする「世代内衡平」、さらにこの「世代間衡平」や「世代内衡平」を達成するために、先進国が途上国をサポートする義務を負うという「共通だが差異のある責任」といった考え方が生み出されてきました。

そのほかにも、たとえば海洋の境界画定をめぐる紛争においても衡平の原則は独自の機能を営んでいます。

このように様々な衡平の機能が国際法上存在しますが、国際河川において何が衡平で合理的なのかというのは各論の話になってきます。その内容を考える材料としては、やはり国際水路非航行的利用条約が重要です。条約では国際河川の「衡平かつ合理的な方法で利用」や、「最適かつ持続可能な利用」が定められており（第5条1項）、さらに、国際河川の「利用、開発及び保護」に関係国が参加する権利を規定しています（同条2項）。

これらを踏まえると、流域全体の環境保護も加味しつつ、沿河諸国全体の集団的な便益を考慮する必要性があるといえます（ハーモン主義（領域主権論）の否定）。ただし、衡平原則は抽象的な概念であるため、それ自体が河川の使用をめぐる紛争を解決することはできません。しかし衡平原則は対立する諸国の調整原理として交渉を促し、議論の材料を与える役割を果たすことができます。さらに、何が国際河川の衡平で合理的な利用なのかという点については、国際水路非航行的利用条約の第6条に関連要素（判断基準）が列挙されており、衡平の中身を明確化しようとする試みがされています。

国際法上の衡平原則

- 「世代間衡平（inter-generational equality)」
- 「世代内衡平（intra-generational equality)」
- 「共通だが差異のある責任」
- 法の適用レベルでの衡平原則の三つの機能

- 「衡平かつ合理的な利用」
- 「最適利用」

国際河川の利用をめぐり争われた国際判例

最後に、国際河川の利用をめぐって国際司法裁判所（ＩＣＪ）で争われた判例を二つ紹介します。

①ドナウ川　ガブチコボ・ナジマロシュ事件（ハンガリー対スロバキア、ＩＣＪ、1997年）

１９７７年、ハンガリーとチェコスロバキア（当時）はドナウ川の共同開発計画のための条約を締結しました。しかしハンガリーは１９８９年、この計画が自然環境に悪影響を与えるとして自国側の工事を停止することを決定し、１９９２年には１９７７年条約の終了宣言を行いました。そこで両国は紛争をＩＣＪに付託しました。

ＩＣＪにおける主な争点は、①１９７７年条約の破棄は国際法上認められるか、および②スロバキア政府による一方的なドナウ川の流路変更は国際法上認められるか、でした。

ＩＣＪはハンガリーの計画放棄が国際法違反であると認定した一方、スロバキア側による代替措置の実施も違法であるとし、両国に交渉を命じました。本判決でＩＣＪは、国際河川流域国が河川の非航行的利用に関しても「利益共同体（a community of interest）」を形成すると述べるとともに、国家の活動が「持続可能な開発」の考えに沿って行われるべきことを初めて示しました。ＩＣＪによる「利益共同体」の指摘は、先に触れた「共同財産・共同管理論」に近い考えであると思われます。

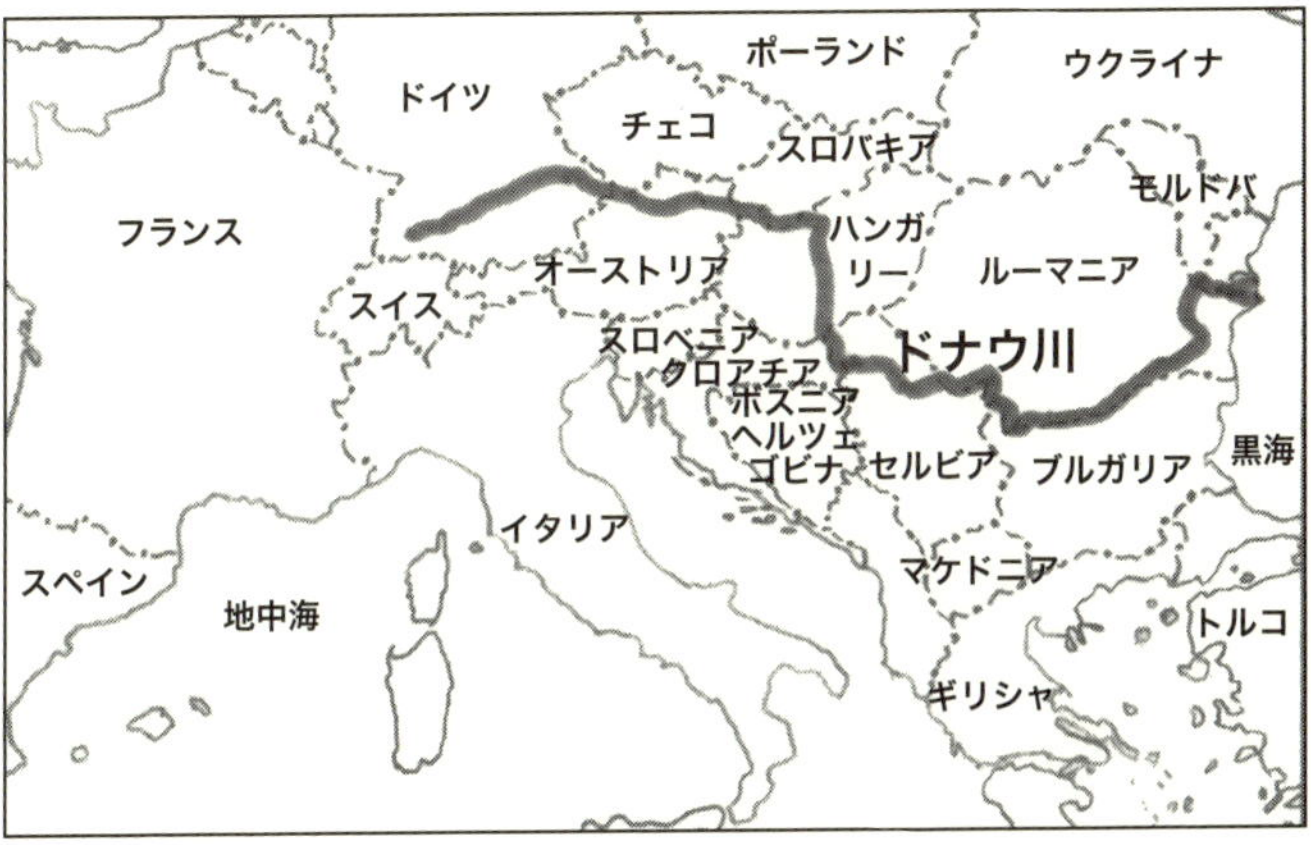

なお、この問題は解決しておらず、2016年時点でもICJに係属中です。

②ウルグアイ川　パルプ工場事件（アルゼンチン対ウルグアイ、ICJ、2010年）

アルゼンチンとウルグアイは1975年に両国の国境をなすウルグアイ川の利用について条約を締結しました。そのための共同機関としてウルグアイ川管理委員会（CARU）を設立しました。その後、ウルグアイは二つの製紙工場を建設することを決めましたが、CARUに対して十分な情報を提供しませんでした。それに対しアルゼンチンは、ウルグアイをICJに訴えました。

最終的に裁判所は、ウルグアイに対し

て問題の工場を責任もって監督するとともに、両国が協力して75年条約の目的である「河川の衡平な利用」と「環境保護」を達成するように求め、そうした協力が義務であることを強調しました。その後、２０１０年に両国はＣＡＲＵを通じて工場の共同モニタリングについて合意しました。ＣＡＲＵのような国際河川委員会は河川の衡平かつ合理的な利用を実現するために重要な役割を果たすことが可能です。

水をめぐる国際紛争は今後も増え続けることが予想されます。流域国の対立や協力の要因はさまざまですが、昔とは異なり、紛争は平和的に解決しなければならないというのが現在の国際法の重要な原則です。条約の締結、地域的な委員会や組織の設立、国際裁判への付託などの方法を使いながら、すべての関係国とそこで生活している人々が「衡平原則」について思いをめぐらせ、解決方法を模索することが求められます。「何が衡平なのか」という問いは困難な問いです。しかし、だからこそ、そのことについて考える価値が生まれるともいえるのです。

第6章

生物たちが守る飲み水の安全性

飲み水の安全性

飲み水の安全性は、毎日の生活に直結する大事なことです。飲み水の水質が担保されないと、食、住、産業、どの分野でも安心して生活したり物を作ったりできなくなります。

例えば、みなさんのお住まいの地域や仕事場に水道水を供給している浄水場の水源に何らかのトラブルが発生し、水質事故があったとのニュースが流れ、それを耳にしたとしましょう。みなさんは蛇口を捻って水をやかんに注ぎ込み、お湯を沸かしてお茶を楽しめるのでしょうか?

おそらく、多くの方は気になって、スーパーマーケットやコンビニエンスストアにわざわざ出かけていって、ペットボトルの水を購入し、水道事故の様子を気にしながら、しばらくペットボトルの水を飲むでしょう。何気なく生活していたり、出かけて食事を楽しんだりしていますが、私たちの日常のすべてにおいて、安全な水質の水道水がどれだけ日頃の生活の安心をもたらしてくれるのか、想像できないと思います。

本書の冒頭に述べましたが、世界中にはいまだに多くの人々が安全な水にたどり着けず生活に苦しみ、なかには命を脅かされるほど危険な水を飲まざるを得ない状況に置かれている人もいます。日本はもともと水源が豊富であり、水道水の水質そのものの安全性は世界トップレベルと言われていますが、世界には約２００以上の国と地域が存在し、その中でも安全性を気にしないで水道水を飲めるところは数えるほどしかありません。

さて、毎日の飲み水の安全がどのようにして確保されるのか、みなさん、気になりませんか。誰が水道水の水質をきちんと確認して管理しているのか。そもそもの話から始めたいと思います。

水道水は、本来、河川、ダムや地下水などを水源として作られます。これらの原水は水道局の浄水場に運ばれ、沈殿、活性炭処理、オゾン処理やろ過などのプロセスを通って塩素を注入されると、各家庭やさまざまな所に供給される仕組みです。これがごく一般的な水処理の過程です。この章では水処理について技術的に詳しく説明しませんが、近年の技術進歩により、非常に高度な浄化処理ができるようになり、いろいろな原因による水源の水質の変化があったとしても、きれいで安心できる水道水を供給しつづけることができるようになりました。無論、日本を含めた先進国ではこのような安全な飲み水を供給できるインフラ整備がきちんとできていて、24時間安心して水が飲めることが一般的なことと思われています。しかし、世界中には未だに飲み水としての水質が確保できていない水源をそのまま利用するか、水処理そのものが行われていない国々がたくさん存在します。

浄水場では水源から運ばれてきた水を処理する前や、処理を行い、浄水場から供給する前に水質の検査を行いますが、その検査項目は実に51項目に達します。水質検査では色、味、濁度などの物理的な要素を調べるほか、最先端技術の分析機器を利用して水の中に存在する有害物質、発がん物質、農薬などの濃度を測定し、飲み水として適切か否か調べています。各浄水場ではこれら国が定めている水質検査項目に従って定期的に行っているのです。しかし、いわゆ

高度浄水処理の過程

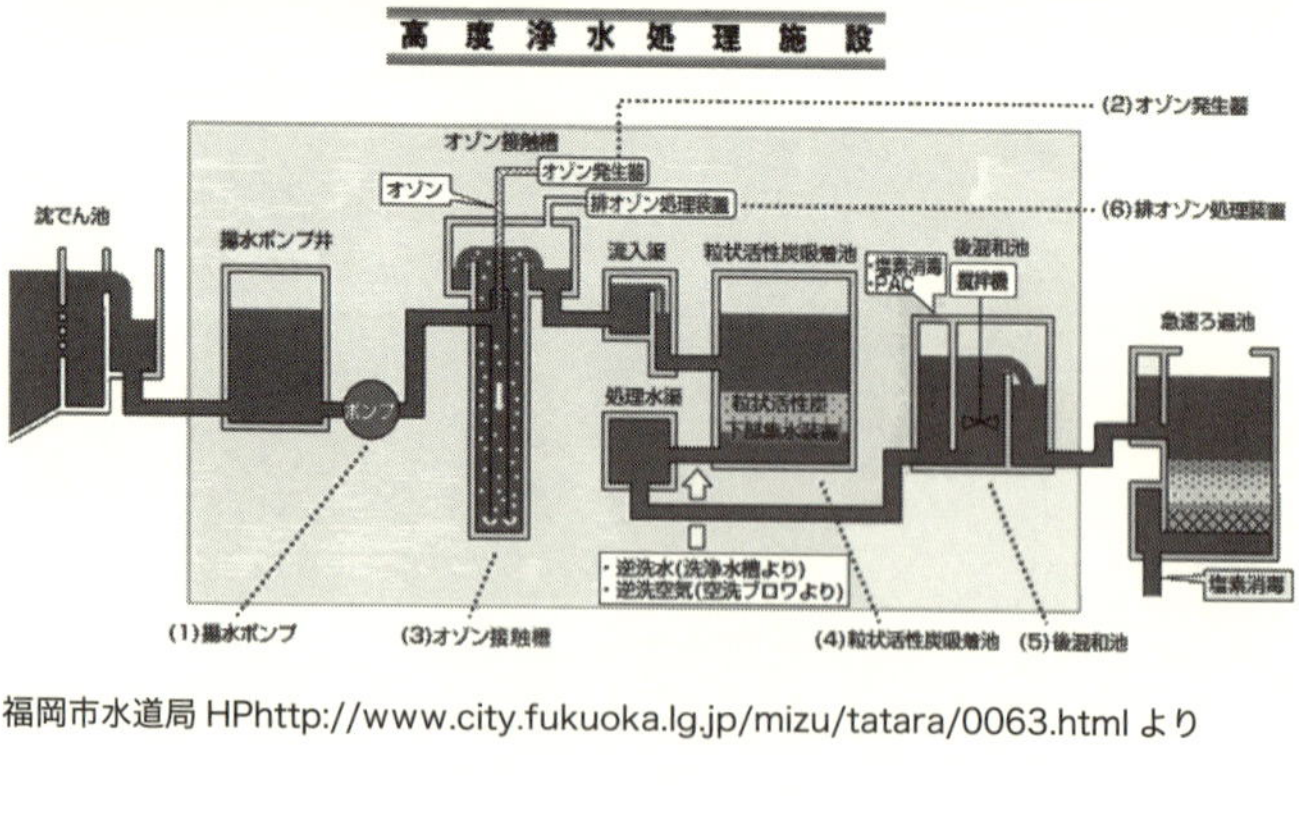

福岡市水道局 HPhttp://www.city.fukuoka.lg.jp/mizu/tatara/0063.html より

る化学分析では水をサンプリングしてからその結果を出すまで時間がかかり、長い場合は数日間を要する場合もあります。そして、分析の技術を有した技術者が分析機器を取り扱う必要もあり、水の分析にはかなりの費用もかかります。特に、夏のように水の消費が多い時期は、原水を浄水場で処理して飲み水として供給するまで、半日もかからないと言われていま す。寒い冬期では、水の需要も減少しますので、浄水場での水の滞在時間が長くなりますが、それにしても何日もそこに留まっているわけではありません。つまり、常時、水のサンプルを調べて、水質の変化を一々確認することは物理的にも現実的にも不可能といえるでしょう。このような状況で、もし水質に何らかの問題が発生したら、浄水の現場でも気づかれないまま、飲み水として私たちに提供される可能性も十分にあるでしょう。

原因がわからない水質汚染事故

日常において日本国内の水質事故、何らかの原因で水源が汚染される事故のことを耳にしたことがありますか？　おそらく、ほとんどの方が日本のように水がきれいで安心して飲める国で、水質事故などありえないと思われるでしょう。しかし、実は日本でも水質事故が多く発生しています。

国土交通省が取りまとめている、全国の一級河川における水質汚染事故のデータをみてみると、毎年1000件以上の水質汚染事故が発生していることがわかります。日本でそんなに多くの水質汚染事故があるのかと驚く方も少なくないかと思いますが、上水道の取水停止に至る件数は全体の約0・2％、年間20件程度であり、きちんと管理されていることがわかります。汚染の原因としては油類の流出が大半を占め、全体の約80％にのぼります。一方、厚生労働省が水道事業者を対象に行なった調査によると、毎年100近くの水質汚染事故が発生しています。平成26年度には91件の事故が発生し、原因物質として油類（44％）、アンモニア態窒素（22％）、濁度（8・8％）、などが挙げられています。また、汚染原因としては工場（15・4％）、農業・畜産業（12・1％）、車両（5・5％）などが挙げられていますが、全体の47・3％については原因が分かっていません。原因の解明が難しい水質汚染事故が、大事な水源を脅かしていることが分かります。

　人間は日常生活の様々な場面において、約10万種類の化学物質を使って生活していると言われています。そして、毎年、新しい数千種類の化学物質が世の中に次々と生み出され、私たちの生活を豊かに、そして便利にしてくれています。反面、その便利さが私たちの飲み水の安全性を脅かすこともあり得るのです。

水質事故発生件数と上水道の取水停止事故発生件数の推移

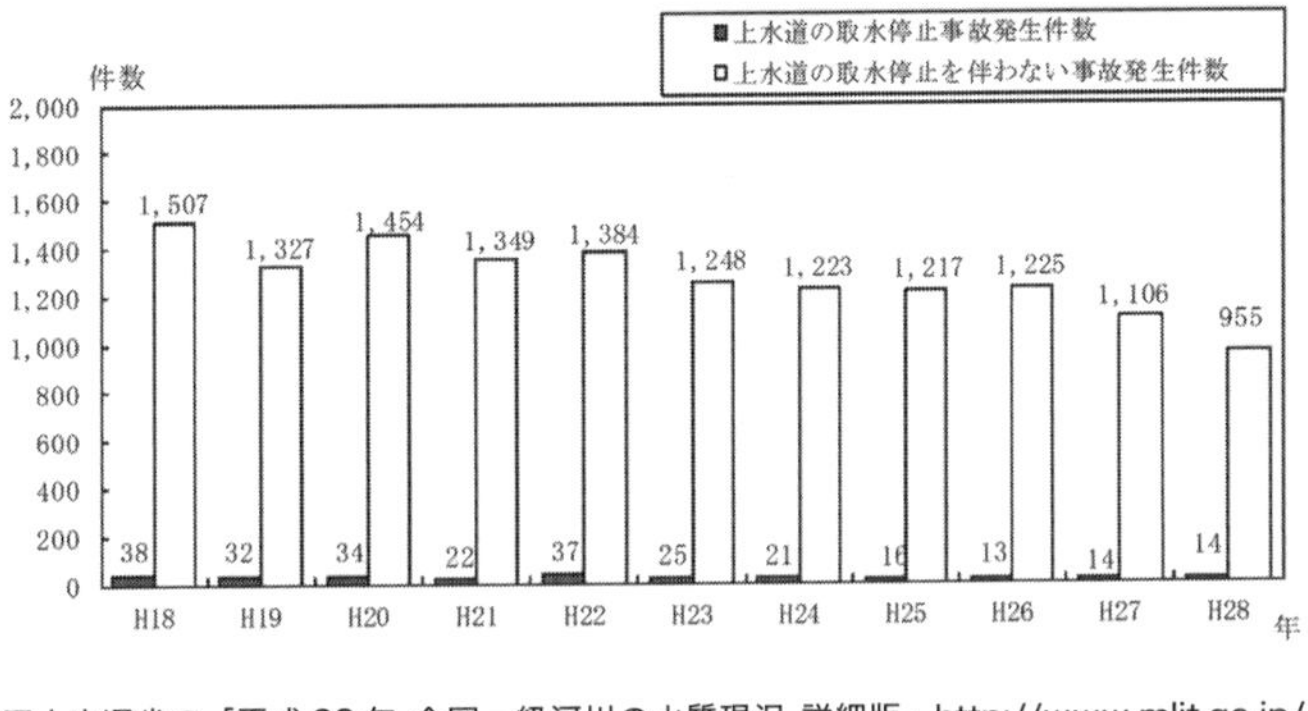

国土交通省の「平成28年 全国一級河川の水質現況 詳細版」http://www.mlit.go.jp/river/toukei_chousa/kankyo/kankyou/suisitu/pdf/h28_suisitu/chapter3.pdf より

生態系にダメージを与えた事故

実際、世界中には飲み水の安全性のみならず、生態系にも大きなダメージを与えた水質汚染事故が非常に多く報告されています。いくつか、大きな水質汚染事故をここで紹介します。

一つ目はライン川です。ライン川はスイスのアルプス、トーマ湖から始まり、ドイツ、フランスを経由してオランダに至る総距離1233キロメートルの川であり、4か国の重要な飲み水の水源として使われている国際河川です。

1986年11月、ライン川の上流域にあたるスイスのバーゼル郊外の化学工場から流出した水銀等の有害物質により、ライン川が河口に至るまで汚染された汚染事故が起こりました。工場の火災がその事故の原因でしたが、ウナギなどの魚類が大量に死滅したほか、水道水としての取水も一時停止されるなど、ドイツ、フランス、オランダなど下流の国々に深刻な被害を与えました。

この水質汚染事故をきっかけにライン川沿いには数十か所に水質を常に監視するステーシ

ヨンが作られ、今でもさまざまな水質分析機器による常時監視が行われています。

二つ目の水質事故は、隣国の韓国で起きた水質汚染事故です。韓国は日本より遅れて経済が発展してきましたので、近年もいろんな環境問題が大きな社会問題として存在してきました。主要な河川沿いには大きな工業団地が建てられていて、飲み水の水源としても利用される河川にはいつも危険との隣り合わせでした。

事故は1991年3月、4月、韓国の四大河川のひとつである洛東江（ナクドンガン）で水質汚染が発生しました。発がん性物質として知られているフェノールが3月、4月の2回にわたって合計約32トン、工場排水として意図的に川に放出され、その当時、韓国の基準値の22倍、世界保健機構の基準値110倍のフェノール濃度が検出されました。

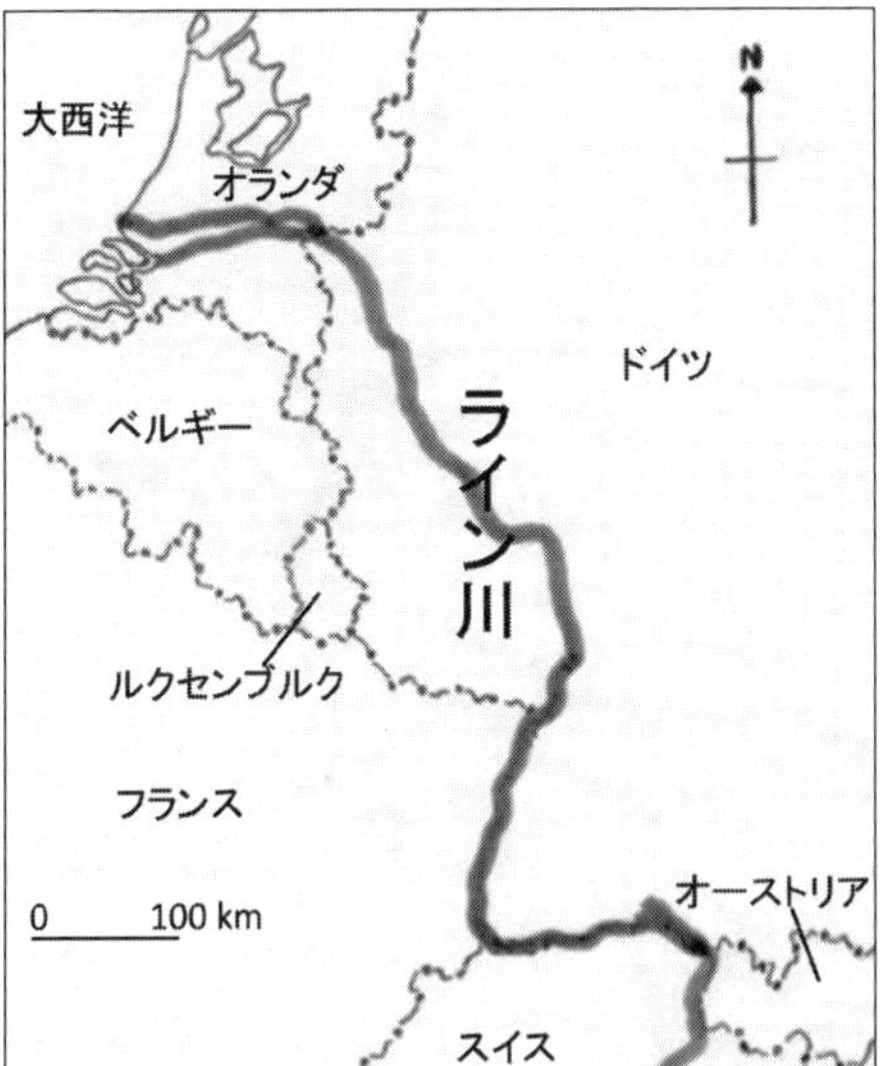

ライン川

その結果、水道水の供給は停止され、市民の生活に大きな打撃に与え、飲み水を求める人々の長蛇の列が何日も続いていました。この水質事故により、当時の環境省の職員、企業の工場の関係者らなど合わせて13名が逮捕、起訴されることになりました。この水質汚染事故は、韓国で発生した環境10大事故の中でも1位に選ばれるほど、影響の大きい水質事故でした。筆者は事故当時、大学生でしたが、このニュースを観ながら水質を守る、飲み水の安全を保てる研究や仕事をしたいと思い始めました。

最後は、ニュースでも大きく報道され、記憶に新しい方も多いと思いますが、２００５年11月、中国の松花江でおきた水質汚染事故です。吉林市の石油化学工場で爆発事故が起き、ベンゼンなどの有害科学物質が大量に流出し、数百メートル離れている松花江に流れこみました。この汚染事件によって、下流にあるハルビン市の飲料水の供給停止問題を引き起こし、死者まで出してしまった大きな水質汚染事故でした。しかも、松花江は中国からロシアを経

産経新聞

中国汚染水、露に拡大か

アムール川へ　当局の通報に遅れ

中国の水質事故例
産経新聞社北京　2005 年 12 月 12 日記事

由して海に流れていますので、ロシアでも飲み水としての供給混乱な状況が続き、事故後の対応や賠償問題などでロシアとの外交問題にまで発展しました。

淡水プランクトンの利用

このような意図的、または非意図的な水質汚染事故の可能性があり、飲み水の水源には常にリスクが存在していることはよく理解していただけたかと思います。先ほども述べましたが、水質の安全性を確保するため、多くの水質分析機器が利用され、目標としている化学物質の正確な検知ができます。しかし、突発的な水質汚染事故や事件から分析機器だけを頼りにして水道水の安全を24時間、365日守ることは、物理的な要因からしても、時間的な要因からしても極めて困難といえます。そこで、さまざまな生き物の力を借りて、私たちの飲み水の安全を確保しているのです。それでは、その研究や浄水場の現場などでの実例を紹介したいと思います。

我々の飲み水の安全性を守るため、さまざまな生き物が異なる形で活躍しています。最初にご紹介するのは淡水のプランクトンを利用する例です。川や湖に浮遊しながら棲む生物を総じて淡水プランクトンといいます。いろんな種類のプランクトンがいますが、大きく分けて植物プランクトン（Phytoplankton）と動物プランクトン（Zooplankton）の2種類に分類できます。植物プランクトンは言葉通り、植物であり、つまり水の中の二酸化炭素、栄養塩や太陽の光を用いて光合成を行い、エネルギーを蓄えたり、増殖したりするのです。もう少し詳しく説明しますと、植物プランクトンの中にはクロロフィル（葉緑素）などの光合成色素が葉緑体という細胞小器官内に存在していて、光エネルギーを用いて水中の二酸化炭素をエネルギー源として合成します。この光合成の度合いを常に測定して、何らかの原因で生じた光合成の数値における異常を発見し、水質の変化を検知する技術が利用されています。例えば、植物プランクトンが高密度で存在する水槽に農薬の雑草剤が混入した場合、植物プランクトンが持っている光合成能力が阻害されますので、この光合成能力の低下を測定することができます。または、光合成は光合成色素による光エネルギーを吸収して開始されます。この時に、光合成色素における蛍光が起きます。蛍光は光を吸収した色素がそのエネルギーを再び光として放出する現象ですが、クロロフィルなどの光合成色素の蛍光発光を直接測定する手法を用いる水質検査もあります。植物プランクトンがもつこれらの特徴を主に利用して水質を監視する技術は数十年前から開発され、現在、ドイツなどのヨーロッパ諸国、韓国、中国において活用されています。

動物プランクトンの利用

次に動物プランクトンを用いる水質監視についてお話しします。皆さんにとって動物プランクトンは植物プランクトンより身近な存在かと思います。そうです！　ミジンコです。生物の授業で必ず教科書に登場する、水中を浮遊する小さな甲殻類で、体が丸くお腹に卵をもって両腕をバタバタして動いている姿を覚えている方も多いでしょう。ミジンコの仲間にケンミジンコがいますが、ミジンコより細長い体形をして触覚も長く、泳ぎ方もミジンコと比べるとゆったりした感じです。植物と動物の違いと共通していて、動物プランクトンは自分の力で移動しながら主に植物プランクトンを捕食して生きている生物です。小さな生物ですので、水流に逆らうことはできませんが、一所懸命に泳いでいます。この小さなミジンコも水質連続監視に使われています。しかし、水質監視に用いられているミジンコは、北米、ユーラシアなどが原産であるオオミジンコです。体長も５㎜まで成長し、日本の河川や湖に生息しているミジンコの体長３㎜に比べると約2倍の大きさです。最近、乾燥したオオミジンコは鑑賞魚の餌としても人気ですが、世界34か国が加盟しているOECD(Organisation for Economic Co-operation and Development、経済協力開発機構)の化学物質の安全性を調べる試験において使用される試験動物としてもよく使われる重要な生物です。ヨーロッパで研究が始まり、このオオミジンコによる水質監視の装置が開発されましたが、裸眼でも確認できる大きさのオオミジンコを水槽に入れておいて、遊泳速度、パターン、遊泳位置等をパラメーターとして水質の異常を感知しています。ドイツやオランダなどのヨーロッパ諸国、米国、韓国や中国の水質監視に利用され、特にドイツではライン川の水質常時監視に欠かせない動物と言われています。

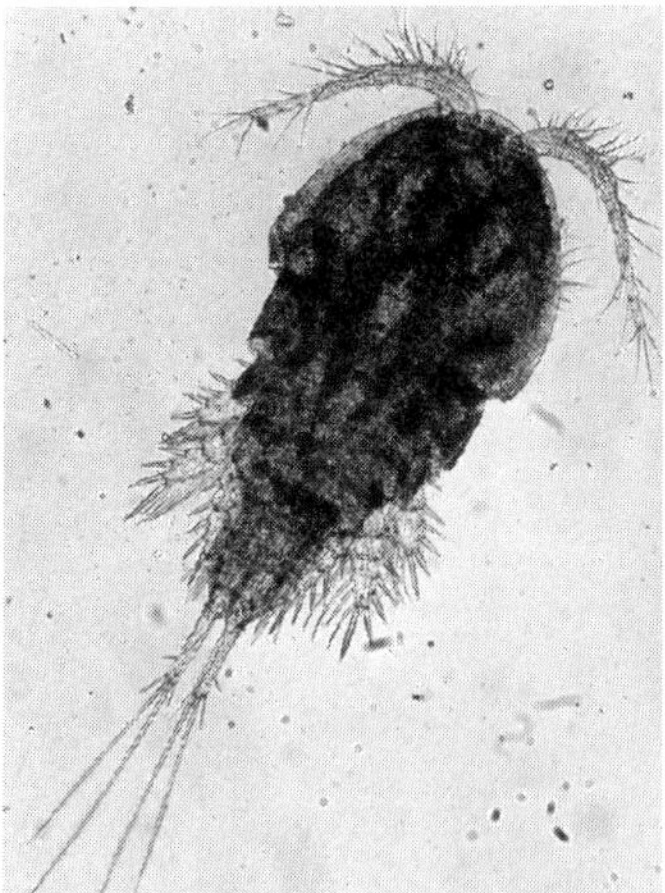

ケンミジンコ

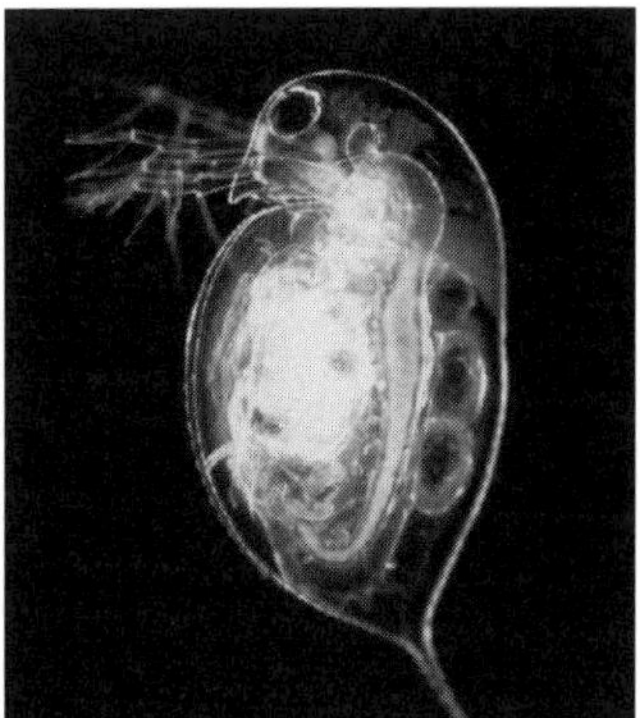

ミジンコ
From wikimedia Commons/
File: Daphnia_pulex.png
19: 11, 3 December 2006(UTC)
Licence=CC BY 2.5

二枚貝の利用

次は二枚貝を紹介したいと思います。二枚貝？と驚く方も多いかと思いますが、二枚貝はあまり移動せず、一か所に生息し、さまざまな環境中、水中の汚染物質を取り込み、蓄積するその生態からみて、重金属や有機化合物による毒性を検知する指標生物として使われてきました。摂餌、排せつや呼吸といった基本的な生命活動のために二枚貝類は殻の開閉運動を行いますが、この貝殻の開閉運動が汚染物質によって様々な反応を示すことがわかって、研究が始まったのです。１９９２年、オランダ製の水質監視装置にドイツの84個の二枚貝が用いられたのが初めてと言われています。その後、ドイツや米国においても二枚貝を用いた水質監視装置の研究開発が行われてきました。

その原理は図で示したように簡単です。二枚貝は汚染物質を吸い込んだり、酸素が低下する貧酸素状態が続くなど環境が悪化すると、独特な開閉運動をするか、貝殻を閉じてしまいます。この動きを、片方の殻に電極コイル、もう片方の殻には磁石を取り付け、電流の変化として計測することで水中の環境がわかるようになるのです。

最近まで二枚貝は固定され、ほとんど動けない状態で水質の監視に利用されてきました。しかし２００４年に、ミキモト真珠研究所、東京測器研究所、九州大学の三者が、磁界を検出するホールセンサと永久磁石を二枚貝に装着することで、貝を固定することなく殻の開閉動作をモニタリングできる技術を開発しました。海中に吊るした貝の殻の開閉運動を監視することで、赤潮プランクトンの発生や酸素濃度の低下による二枚貝の健康状態の悪化を知ることができるのです。海の水質異常を24時間監視し、異常の発生を知らせることができるため、真珠の養殖現場などで活用されています。この技術は、ヨーロッパやその他の国の技術に比べて、貝類がかなり自由な動きを取れる、ストレスの少ない条件で測定ができる強みがあります。

現在も日本、ヨーロッパ諸国、中国などで淡水、海水の二枚貝を用いて水質を測定する研究開発が進められています。

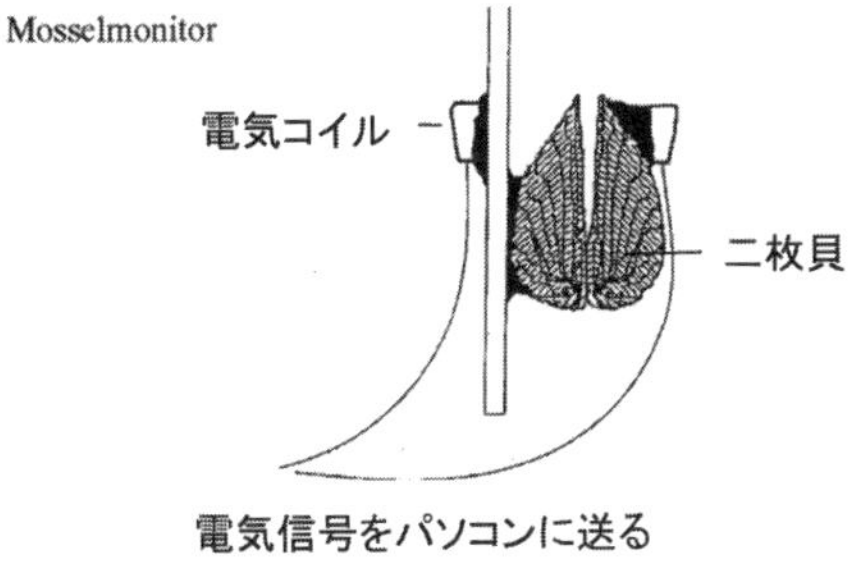

二枚貝による水質監視
The Journal of Experimental Biology 206, 4167-4178. Energy metabolism and valve closure behaviour in the Asian clam Corbicula fluminea. Christian Ortmann* and Manfred K. Grieshaber

魚の利用

最後の生物は、魚です。説明をするまでもありませんが、魚は水環境の食物連鎖、ピラミッドの頂点にいて、水の流れに関係なく自分の行動で棲む場所を変えられる生物です。何となくご想像つくかと思いますが、魚は自由自在に動き回れますので、毒性の強い化学物質が大量に混入されたり、酸素の濃度が低下したり、水温が急激に変換したりするなどの水質の異常や変化を察知し、遠くに泳ぎ、逃げ切ることができます。つまり、魚の行動、そのものが水質異常を知るパラメーターになるのです。その手法は大きく二つに分かれますが、魚が発する活動電位を測定する方法、魚の泳ぎ方そのものを解析する方法があります。用いられている魚は、メダカや金魚がほとんどです。生き物、特に動物は呼吸やさまざまな行動をしますが、魚も呼吸をしたり餌をとったり、動き回ったりするたびに、魚体に電位が発生します。この原理を利用して、水槽内に数匹の魚を入れておいて、電位を読み取るセンサーを取り付け、魚の泳ぐ際に発生する電位を検出します。もし汚染物質が混入されてきた場合、魚の動きが極端に多くなるか少なくなり、活動電位の変化も激しくなりますので、その活動量の差を測定し、水質異常を知らせる仕組みです。日本や米国でこの研究開発が行われており、すでに水処理の現場で導入されています。日本の場合は、東京都にこの活動電位を用いた生物水質監

活動電位による水質監視

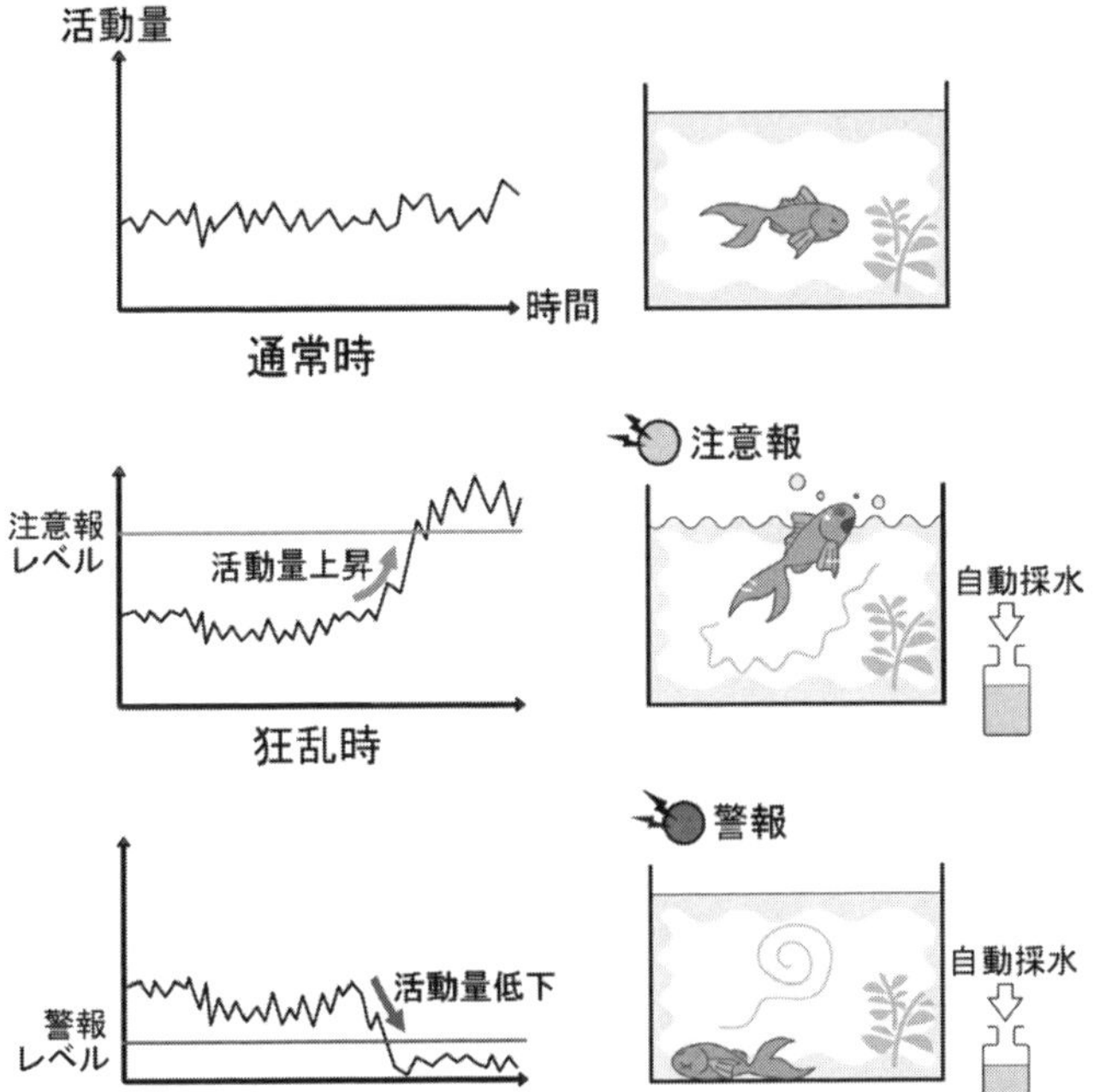

協立電機株式会社の水質連続監視装置ユニレリーフのウェブサイト http://www.kdwan.co.jp/products/unirelief.html より

視が用いられており、米国では陸軍の研究所が開発した独自の魚類の活動電位装置がニューヨークやサンフランシスコの浄水場の取水場で使われています。さらに、行動そのものをカメラで撮影しながら、リアルタイムで動きを確認し、平常時の行動と比べて異なる場合、水質の異常を感知する技術もあります。これらの研究や開発は日本、ドイツ、韓国などを中心に行われてきましたが、特に日本国内の浄水場において、この魚

画像解析による水質監視

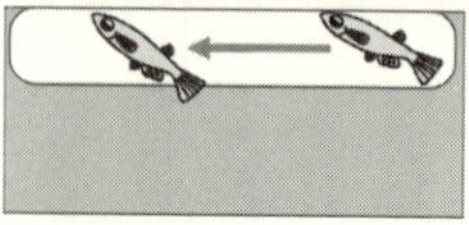

◆鼻上げ行動
有害化学物質が魚の呼吸器官に影響した場合、空気中から直接酸素を取り込もうとするため、行動範囲が水面近くに集中する。

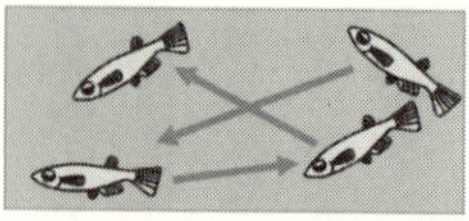

◆急速行動
有害化学物質により魚が錯乱狂奔状態となった場合、遊泳速度の急速な変化を引き起こす。

◆死亡（遊泳停止）
有害化学物質により魚が様々な異常行動を呈した後に遊泳が不可能となり、最終的に死に至る。

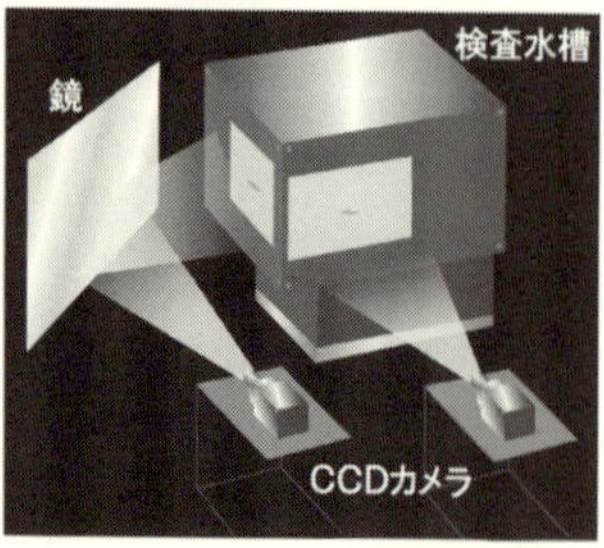

この装置では2台のカメラを使って3次元画像解析を行っている。

株式会社正興電気製作所の水質監視装置メダカセンサーのウェブサイト　http://www.seiko-denki.co.jp/product/new_product08_01.php より

の行動監視が主な生物を用いた水質監視の手法として定着しています。重金属、油類、農薬などの中から毒性が強い物質が水源に混入した場合、または化学物質が大量に河川に流れ込む水質事故の際、魚は突然、遊泳する速度を上げる、泳ぐ角度に大きな変化を示す、泳ぐ場所が極端に広くなったり狭くなったりするといった行動の変化を起こします。水質に問題がない時には、ほとんど見られない行動を示すため、カメラのイメージをコンピューターに送り、ソフトウェアで分析し、その差を把握すると、水質異常を警告することができます。どういう汚染物質が混入したかは特定できませんが、有害物質による水質変化を早期に発見し、水道水の安全性を守ることができます。実際、これらの魚の水質監視装置は、今日も日本中の浄水場で、私たちの飲み水の安全性を保障するために活躍しています。そのおかげで私たちも安心して水道水を飲んだり、シャワーやお風呂で使ったりすることができるので、可愛らしく頼もしい生き物たちに感謝の気持ちでいっぱいです。

第7章

地域の水資源について

～水資源に乏しい糸島半島に移転を進める九州大学伊都キャンパスでの先駆的取り組みを例に～

福岡市の水事情

九州大学が位置する福岡市は、都市規模に比べて水資源が乏しく、昭和53年には長期間の給水制限を伴う大規模な渇水が発生しました。その後、福岡県南部を流れる筑後川に筑後大堰が建設され、筑後川の水を佐賀県、福岡県で農業用水として利用するだけではなく、福岡市へ導水して飲料水としても利用できるようになりました。これに加えて様々な施策が採られた結果、福岡市の水資源問題は大きく改善されました。

平成6年には年降水量が福岡管区気象台の観測史上最も少ない渇水に見舞われました。この時の降水量は昭和53年のおよそ8割に留まり、翌年まで続いた給水制限は295日間に及びました。これは昭和53年渇水の287日間を上回るものでしたが、給水制限延べ時間は2452時間に留まり、昭和53年渇水時の約6割に過ぎませんでした。しかも、給水時間中の蛇口給水が確保され、給水車が出動することもありませんでした。平成17年にも降水量が観測史上3番目に少ない渇水に見舞われましたが、給水制限に至ることはありませんでした。

この劇的な渇水対応力の改善は、行政や市民の様々な工夫や努力によってもたらされました。各家庭への節水コマの普及、前述の筑後川からの導水や平成17年に供用を開始した海水淡水化センターの建設などの水資源開発、各浄水場間で相互融通を行ったり水圧の適正化で漏水量を抑制することのできるコンピュータ制御の配水調整システムの構築、そして何より市民の節水意識の向上によるものといえます。これらの取り組みの結果として、福岡市は今や日本を代表する節水都市となったのです。

昭和53年と平成6年の渇水の比較

（福岡市水道局）

渇水年	昭和53年	平成6年	平成17年（参考）
給水人口	1,028千人	1,250千人	1,388千人
下水道普及率	37.3%	96.3%	99.4%
施設能力	478,000㎥／日	704,800㎥／日	764,500㎥／日
年降水量	1,138㎜	891㎜	1,020㎜
給水制限期間	昭和53年5月20日 ～昭和54年3月24日	平成6年8月4日 ～平成7年5月31日	なし
給水制限日数	287日	295日	0日
1日平均給水制限時間	14時間	8時間	0時間
弁操作動員人数	32,434人	14,157人	0人
給水車出動台数	13,433台	0台	0台
苦情・問い合せ	47,902件	9,515件	0件

※福岡地方の平均年降水量（昭和46年から平成12年）は1,632.3㎜

大学移転と糸島地域

九州大学は100年以上の歴史を有しており、福岡市内および近郊の数カ所にキャンパスがあります。現在、設立時からあるメインキャンパスの箱崎キャンパスと、かつて教養学部があった六本松キャンパスを福岡市西方の糸島地域に移転統合する事業が進められています。平成21年度に六本松キャンパスの移転が完了し、平成30年度までに箱崎キャンパスも移転が完了する予定です。この事業における水資源関連の取り組みを通じて、糸島地域の水資源の現状と重要性について紹介します。

糸島地域は福岡県内有数の農業地帯として知られていますが、実は、古くから水資源の問題を抱えている地域でもあります。この地域は水源が乏しく、水源ダムは瑞梅寺ダムのみであり、新規のダム建設などの予定もありません。同地域の施設園芸における灌漑用水は地下水に依存している地区があり、過剰取水による地下水の塩水化も問題となっています。また、農業用貯水池などの地表水も、一部で窒素やリンの流入により富栄養化が進行している状況です。

九州大学伊都キャンパスでは、移転計画策定の際に、周辺地域も含めて健全な水資源の確保に関しての慎重な検討が進められました。箱崎地区は上水に地下水も利用しており、上水の費用は比較的安価でしたが、伊都キャンパスでは多くの地下水を利用することはできませんでした。伊都キャンパスへの移転を予定している農場で使われる農業用水は、キャンパス内の調整池貯留水や一部の地下水でまかなう予定です。そのため、充分な水量を確保した上で、地下水の過剰取水による塩水化が発生しないように、用水計画が進められたのです。

伊都キャンパス内には、桑原地区を流

九州大学伊都キャンパスと糸島地域

れる大原川の湧水源（幸の神湧水）があり、地域の重要な農業用水源となっています。大原川分水碑に記された記述からも、同地域における大原川の重要性と、水事情の厳しさが窺われます。九州大学新キャンパス移転事業が行われる際の環境影響評価書にも、キャンパス移転による幸の神湧水への影響評価やその対策について詳細に検討されており、この湧水源の重要性がわかります。

環境評価書の水資源関連の重要項目としては、①環境監視体制の整備、②貴重な涌水源（幸の神湧水）の保全、③塩水化地下水対策、④地下水涵養の四つが挙げられています。

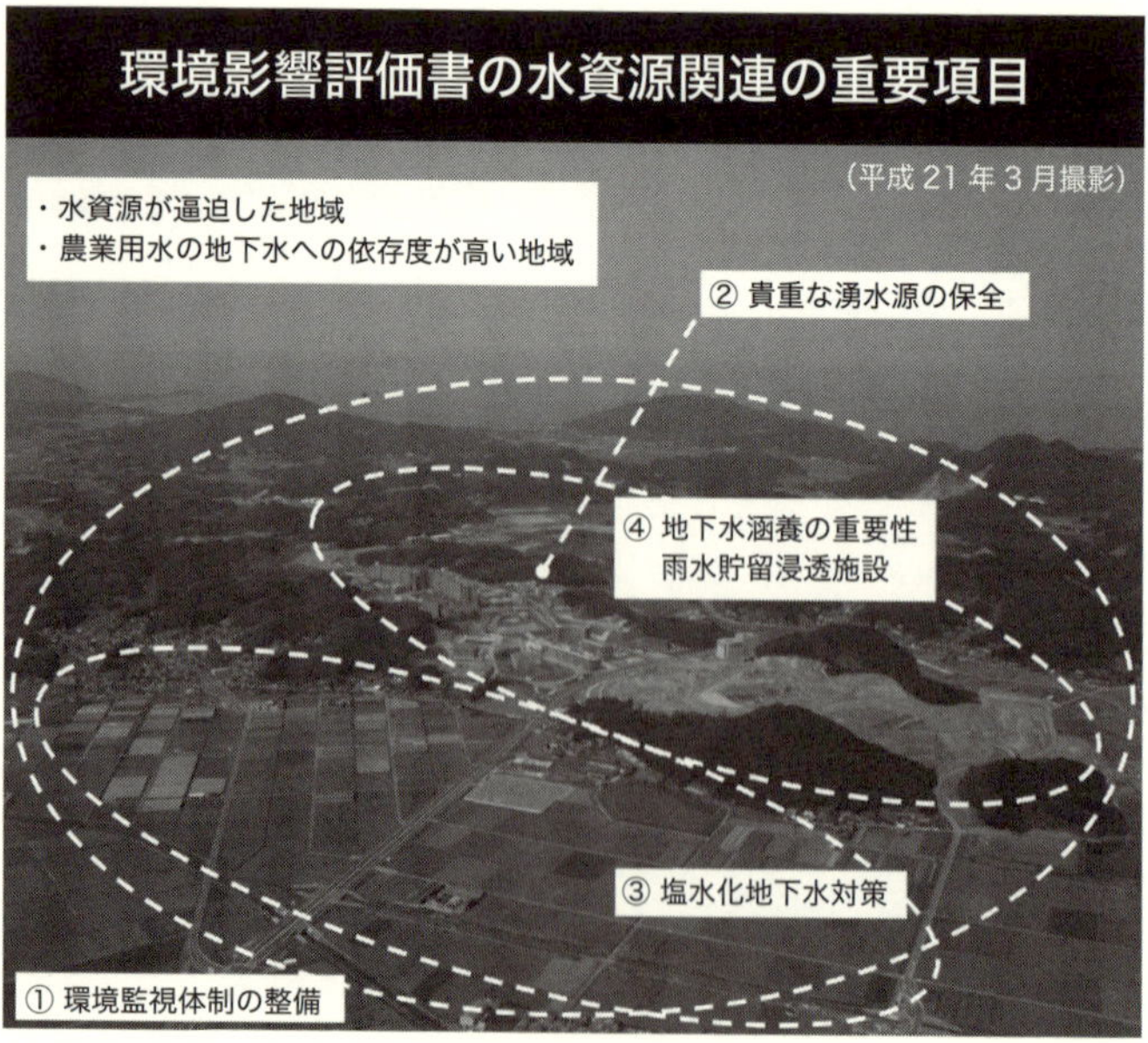

環境監視は継続的に行われており、濁度、SS（懸濁物質または浮遊物質）や地下水位、塩水化などの水資源関係の項目を多地点でモニタリングしており、さらに陸生、水生生物の調査なども行われています。幸の神湧水では流量の自動計測や、定期的な水質調査が行われていて、これまでの幸の神湧水の調査では、キャンパス移転事業の進展にともなっても湧水量の大きな変化は見られていません。また、キャンパス造成前のミカン園に散布された化学肥料に由来すると考えられる高濃度の窒素流出が継続しています。

海水の浸入

沿岸域地下水帯では、海水が陸域に浸入する現象がしばしば見られています。地下水の塩水化が過剰に進行すると、その地下水を灌漑用水に使用している地域では、塩害により農作物の生育に大きな影響を与えます。地下水は淡水であるため海水とは比重が大きく異なります。この比重差から、海水が地下水として陸域に浸入してくると、淡水地下水が塩水地下水の上にレンズ状の形で浮く形態となります。帯水層は淡水の厚さが海面付近では浅く、内陸部ほど深くなりレンズ状の形をしていることから淡水レンズと呼ばれます。ここで、地表からの地下浸透量が減少し、その一方で農業用水等による地下水揚水量が増加すると、淡水レンズが縮小し、塩水と淡水の境界面すなわち淡塩境界面が上昇し、汲み上げ地下水の塩水化が起こってしまいます。

地下水塩水化の進行度合いは、電気伝導（ＥＣ）を複数の地点で現地測定することにより把握することができます。ＥＣは物質がどの程度電気を通すことができるかを示す尺度で、塩分が高ければECも高くなります。淡塩境界面が到達した井戸のECを鉛直方向に測定すると、淡塩境界面以深でECが急激に増加します。このように淡塩境界面の状況を把握するために、伊都キャンパス内や周辺地域には多数の観測井が設置され、その測定結果から、感潮河川近傍の井戸で淡塩境界面の位置が浅くなっていることがわかりました。感潮河川では、満潮時に海水が遡上するため、河川付近の井戸で塩水化が進行したと考えられます。この観測井付近の地域では、伊都キャンパス造成前から塩水化問題を抱えており、国や県の補助金を受けて脱塩プラント等が導入・運用されています。

沿岸帯水層の構造

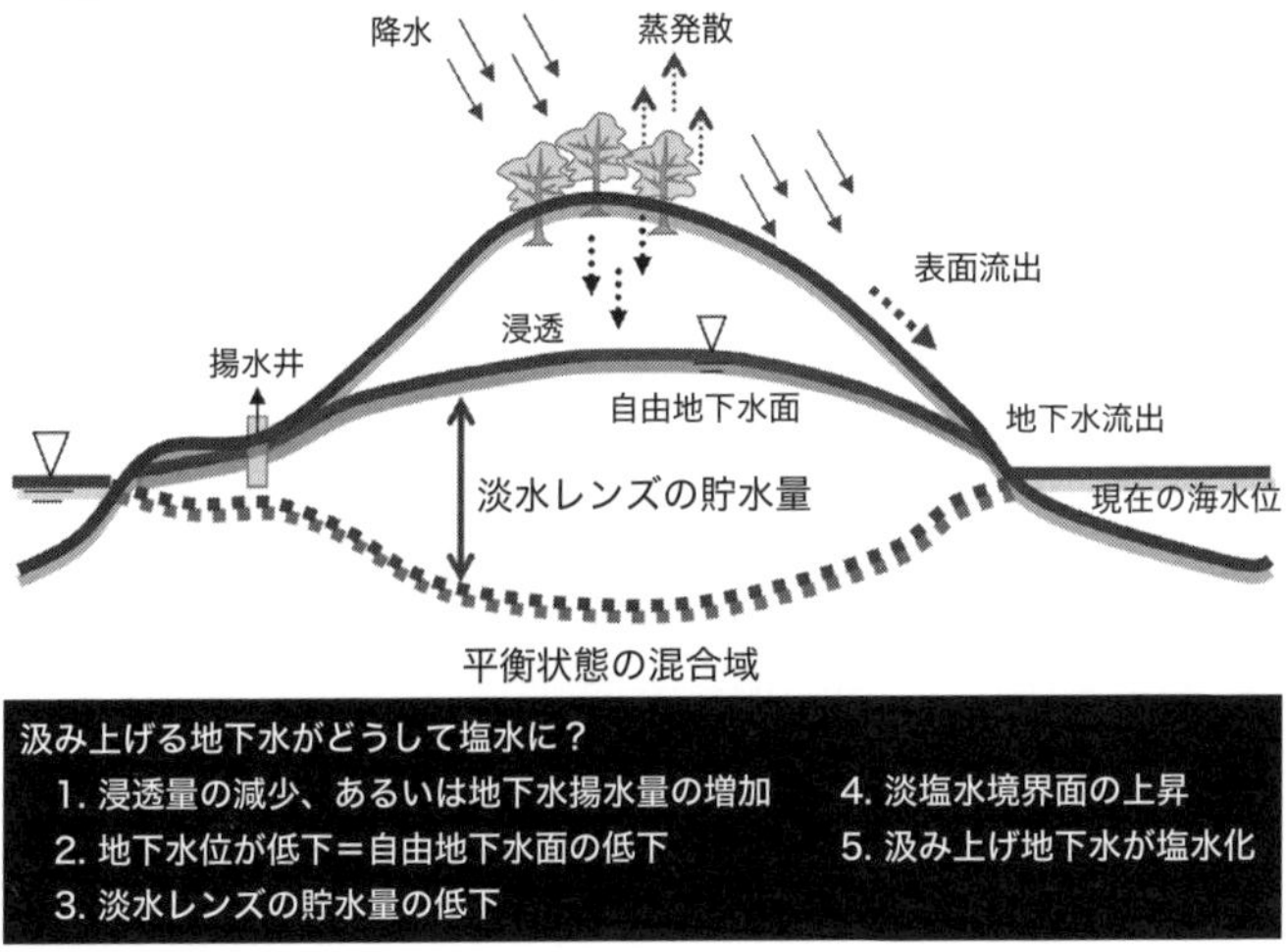

汲み上げる地下水がどうして塩水に？

1. 浸透量の減少、あるいは地下水揚水量の増加
2. 地下水位が低下＝自由地下水面の低下
3. 淡水レンズの貯水量の低下
4. 淡塩水境界面の上昇
5. 汲み上げ地下水が塩水化

地下水涵養量の確保

地下水涵養量が減少することにより、淡水レンズが縮小し淡塩境界面の上昇が進行します。伊都キャンパス造成前の土地利用は大部分が山地でしたが、造成後は建物、駐車場や道路など、コンクリートやアスファルトで覆われる面積が増加します。これにより、雨水の浸透量が低下し、地下水涵養量の低下が懸念されていました。

地下水涵養量の低下を防ぐために、伊都キャンパス造成前と同程度の地下水涵養量を確保する必要があり、様々な対策が講じられています。その対策の例として、浸透性の側溝や集水マス、駐車場への雨水貯留浸透施設の施工などが挙げられます。

キャンパス造成前後の年間地下浸透量をシミュレーションにより算出した結果、造成前の922㎜に対して、造成後の対策無しの場合は808㎜、対策有りの場合は923㎜でした。地下水涵養量の確保のため様々な対策を行った結果、造成工事の前後でほぼ同程度の地下浸透量を確保できる計算になっています。

九州大学の伊都キャンパスへの移転事業では、地域における健全な水資源の確保が大前提となっています。そのためには地域の限りある水資源を受益者である大学と地元との間で有効に配分し合う必要があります。環境保全や物質循環型農業に関する九州大学の研究資産を、地域のよりよい水循環・水環境、そして地域農業のために還元することは大学人の責務です。

浸透性の排水側溝（底面と側面から浸透）

浸透性の集積マス（底面から浸透）

ブロックを積み上げて貯留浸透設備を施行

第8章

韓国の水問題

韓国の水事情

韓国南部では、水利用における水質の問題、多地域への水供給問題、海域への放流による問題など水資源に関して多くの問題を抱えています。この章ではこれらの水資源問題と、四大主要河川の改修事業について述べていきます。

韓国では灌漑用のダムが約1万8000個ありますが、その中で高さ15m以上か貯水量が300万㎥以上の大きなダムは1206個です。また、四つの主要河川を水源とした12個のダムから都市への水供給が行われています。同時に都市用水向けのダムでは、流量調節、発電や灌漑水としても利用され、また、アメリカや日本などの海外企業と共に建設されたものもあります。

主要河川の一つである洛東江の流路長は523㎞、流域面積は2万3859㎢、供給都市の総人口は1200万人で、上流から下流にかけて5個のダムと1個の河口堰が建設されています。

洛東江では本流から取水が行われており、中流域と下流域に規模の大きな都市が位置しています。また、中流域の都市から毒性を有する物質が河川に放流されていることもあり、下流域では河川水質が悪化し、下流域に住む人々の健康が脅かされています。

釜山は下流域、大邱は中流域に位置する都市であり、釜山では消費水量の95%が、大邱では70%が洛東江から供給されています。これらの都市で利用される水からは、過塩素酸や、フェノール、ダイオキシンが検出されたこともあり、下流域における河川水の水質悪化が大きな問題となっています。

釜山では、300万人の人々が1日に95万㎥の水を消費しており、代替可能な水源地として陜川ダムと南江ダムが挙げられます。

そこで韓国政府は、1996年から2006年の間に4度に渡って、釜山と慶尚南道を配水対象とした、南江ダム、陜川ダム、堤防ろ過からの取水計画を立てましたが、いず

れも慶尚南道の反対によって頓挫しました。２０１１年の政府提案ではとうとう陜川ダムが取水対象から除かれ、南江ダムと堤防ろ過のみで取水を行うこととされました。

そもそも慶尚南道は陜川ダム、南江ダムから釜山へ配水を行うことに反対しています。その理由としては、慶尚南道の水資源である陜川ダムの水が他地域へ配水されることにより、慶尚南道の将来的な発展の障害になると考えているからです。

また、慶尚南道は南江ダムには釜山に配水可能な余剰水はないと主張していますが、実際、ダムの供給可能容量は１日に65万㎥、都市の使用量は１日に42万㎥

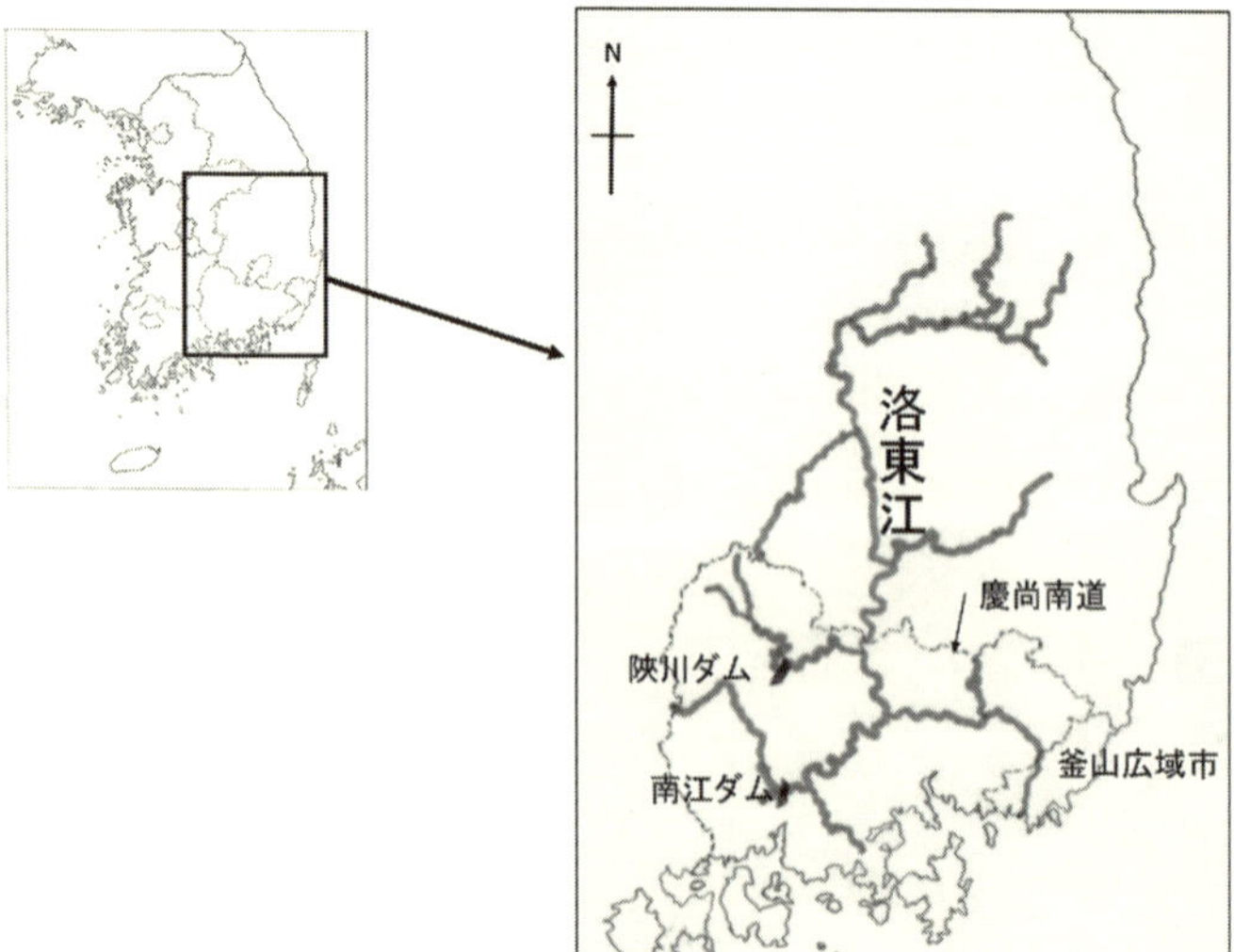

ですので、１日に23万㎥の余剰水があるはずなのです。シミュレーションを行った結果からも陜川ダム、南江ダムからの配水により釜山の水需要をほぼ満たせることが示唆されており、この結果は１９９９年までに政府が立てた計画と類似していました。

南江ダム

南江ダムは流域面積2285km²、高さ34m、年平均流入量1秒間に64.4m³のダムです。南江ダムの目標給水量は1日に126万m³で、配水先の内訳は都市用水として1日に61.3万m³、灌漑用水や河川水として1日に61.5万m³となっています。また、6〜9月にかけては灌漑期間となっており、この時期に南江ダムから大量の灌漑用水を放流します。しかし、1977年と2009年に深刻な渇水が起こっており、2009年の渇水時には1〜4月まで灌漑用水や河川水への十分な供給ができず、都市用水への供給も十分ではありませんでした。そのため、洛東江から取水を行い、都市用水を確保する必要がありました。

1915〜1928年にかけて14本の河川で大規模な調査が行われました。その結果、釜山周辺の洛東江流域では河川が複雑に入り組んでおり、この地域で最も大規模な洪水が発生していたことがわかりました。そこで、南江に南江ダムを建設し、泗川湾への放水量を増やすことで洪水被害の軽減を図ることが計画されました。太平洋戦争や朝鮮戦争により工事が中断されることもありましたが、1969年に南江ダムが完成しました。

この南江ダムの完成に伴い、7000人の漁業者を対象として、交渉と保障により漁業権取り消しを求めましたが、現在も200人が漁業権を保持しています。1998年にはより大規模な洪水にも対応できるようダムの堤の高さを高くし、計画洪水量に対する最大放流量を1秒間に3250㎥へと引き上げました。しかし、2002年の台風15号はその計画洪水量をさらに上回るもので、カキや赤貝などの海産養殖業に大きなダメージを与えました。また2007年の台風11号でも洪水被害が発生しており、現在、これらの大規模化している災害に対応す

南江ダム（Busan Ilbo, 2012）

るための計画が進められています。

これらの水資源プロジェクトを進めるにあたり、対立を少しでも減らすために我々には様々な努力が求められています。洪水調節と水供給の包括的な影響分析や適切なデータ収集、コンピューターによるシミュレーションの活用、そして地域間で綿密な話し合いを行っていかなければなりません。

四大主要河川改修事業・ビフォー

　これまでは洛東江流域の南部における水問題について述べてきましたが、以降は四大主要河川の改修事業について述べていきます。この河川改修事業には水の確保、洪水被害の軽減、水質向上と生態系の回復、自然と触れ合える公的スペースの確保、河川と地域社会の共生の5本の軸があります。この改修工事は四つの主要河川における浚渫、ダム建設、堤防強化、小水力発電など2009年~2012年の工事期間で、総工費2兆円をかけた巨大な改修計画となっています。

　浚渫やダム建設、堤防強化により、5本の軸の水の確保、洪水被害の軽減を目指しています。次に、水質向上と生態系の回復のためにも様々な取り組みがなされており、曝気装置や回転式の可動堰を導入することにより、植物プランクトンの増殖抑制、下層への汚泥、汚水の堆積防止を図っています。また、魚道の設置や浚渫工事による自然への影響を最小化を図り、絶滅危惧種の養殖、放流を行うことにより、生態系の回復にも取り組んでいます。

河川沿いの農地やビニールハウスを移動させて、サイクリングなどのスポーツを楽しめるレクリエーション施設が造成されました。これによって、市民が水や川に気軽に接することができる親水空間を確保することができました。

河川の周辺環境を多目的スペースとして利用したり、新しいレジャー施設の建設、文化観光の促進などを行い、5本目の軸である河川と地域社会の共生を目指しています。これらの工事は、ほぼ予定通りに進行しており堰の建設や浚渫はすでに完了しています。

浚渫工事により四大河川の全てで、洪水時の河川水位である計画高水位が低下しました。水質向上の取り組みにより、下流における高い水質改善効果が期待されています。ま

四大主要河川改修事業の目的

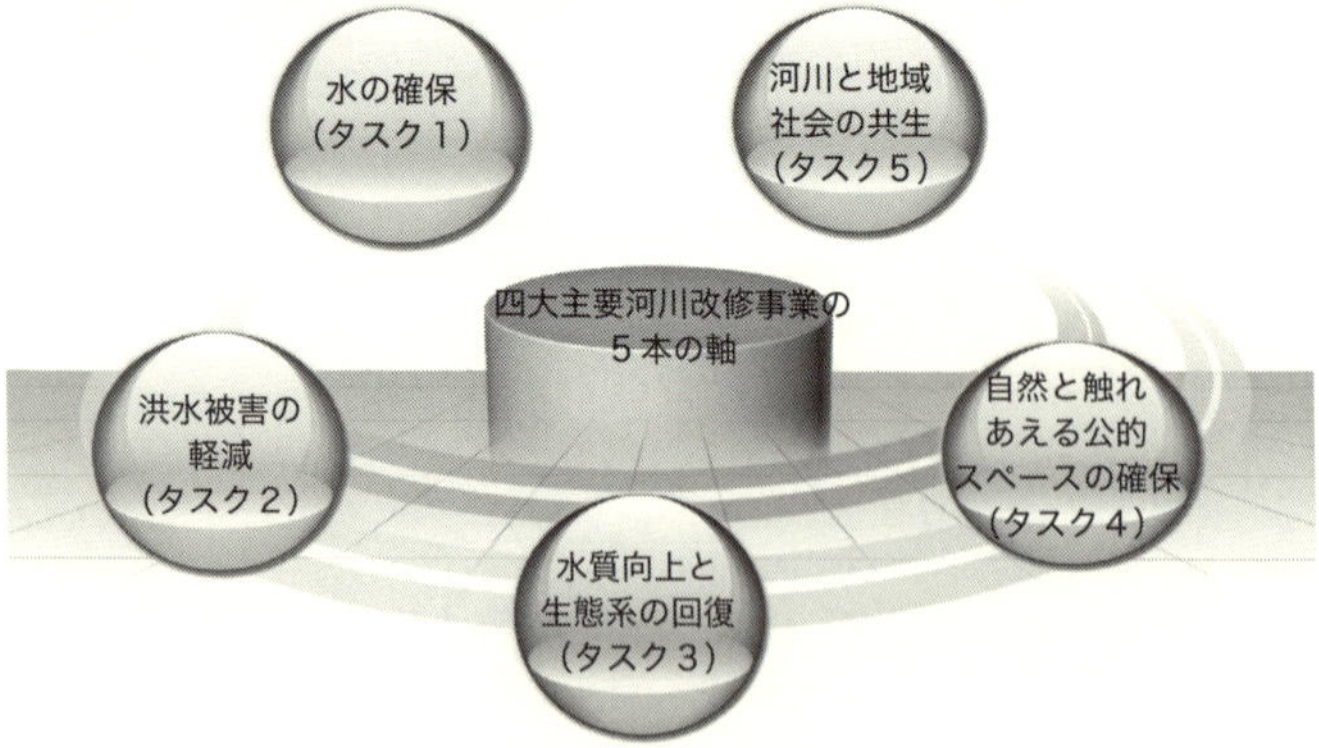

た、化学物質の放流事故の際、可動堰により堰中の水を放水し、改修前の3倍の速さで化学物質の希釈を行うことができると見込まれています。16個の堰とともに小水力発電施設を建設することにより、洪水期の水を利用し5万7000キロワットの発電を行うことも可能となります。

四大主要河川改修事業・アフター

韓国の四大主要河川改修事業は、約2兆円（約22兆ウォン）という莫大な工事費がかかり、多くの効果が期待され2012年に終了しました。しかし、その計画から完成まですでに問題点が危惧され、賛否世論の渦巻く中で実施された事業と言えます。

当時、本事業に賛成する側の意見として、長年続いている水資源不足の問題を解決できることや地域経済の活性化につながると主張されていました。韓国では降水量の不足や台風による洪水被害を何度も経験しているため、主要河川を中心にして河川整備が進められてきていました。とくに、毎年の洪水による人的被害や経済へのダメージを軽減したいとの狙いがあったと思われます。一方、工事の中止を求める反対意見も多くありました。まず環境への影響に対する危惧です。どれだけ環境に配慮した工事を行うとしていても、自然環境に手を入れてしまうことで後戻りができなくなりますし、生態系への影響も大きいとの指摘がありました。また、工事を受注した企業は大手企業中心で、多くの雇用を創出できると言われていましたが、実際はパートタイム労働者や有期契約の雇用が多く、ほとんどが非正規労働者であったと言われています。

さらに、海外からもこの事業に対する批判が多く寄せられていました。特にラムサール・ネットワーク日本の代表理事・堀良一氏は２０１０年7月韓国で開催された四大河川整備事業・日韓調査団討論会において「ラムサール総会を開催した国と思えない、衝撃だ。四大河川整備事業は、目的が不明確でラムサール条約および生物多様性条約にも違反する明確な環境破壊である」と批判しました。ラムサール条約とは、１９７１年に制定され、１９７５年に発効した、水鳥の生息地の重要な湿地やその動植物の生態系を守る国際条約です。世界１６８か国が加盟していて、もちろん、韓国もこの条約に加盟しています。また、米国のカリフォルニア大学バークレー校のマティアス・コンドルフ（Mathias Kondolf）教授も、この河川事業を強く批判し、中止を求める意見を出していました。コンドルフ教授はこのような事業そのものが不安定で不自然な変化を引き起こしかねず、このような流域管理は米国やヨーロッパ諸国では20世紀中盤に既に廃棄された技術、事業だと言いました。これらの批判に対して当時の韓国政府は、四大河川整備事業は雇用を生みだし、地域経済の活性化に大きく貢献し、世界的な気候変動への対応や水資源の管理という意味で大きな意味があり、世界が注目していると反論しました。

しかし、この事業が終了した２０１２年以降、様々な異変が多数報告されるようになりました。中でも特に、藻類の大発生が頻繁に報告されています。韓国では夏季に藻類が大量発生することは時々報告されていましたが、工事が終了した２０１２年からは、毎年、河川で写真のような風景をよく目にするようになったと言われています。地域住民や市民団体は、四大河川整備事業で設置された堰が流速を弱め、この現象を引き起こしているとの見方をしています。一部ではこの現象に皮肉たっぷりで「緑藻ラテ」というあだ名まで付けています。確かに、私も好きでよく飲む抹茶ラテに似ていて、なんとも言えない複雑な気持ちです。

水圏環境では、多くの生物が生息し、食物連鎖を作り、生態系を形成しています。淡水の藻類は湖沼、河川などに生息し、その形や色は様々であり、浮遊している藻類や付着して生きる藻類もいます。よく言われる植物プランクトンとは浮遊性藻類のことを示します。これらの藻類はなんといっても水圏の生態系において基礎（１次）生産者として重要な役割を担っていて、水中の光、二酸化炭素や栄養塩を用いて光合成を行い、増殖し、２次生産者の動物プランクトンの餌となります。この動物プランクトンが魚の餌となり、魚の中でも大型魚類が小型魚類を餌とする食物連鎖を形成します。ですから、藻類は食物ピラミッドの中で一番下の基礎を支えながら、最終的に食物連鎖の頂点にまでエネルギーを供給する生物なのです。

水質変化、または水質悪化には非常に多くの原因があると考えられるため、特定は難しいのですが、適切な環境が保たれなくなると藻類の過剰な繁殖がおきます。例えば、過度な栄養塩濃度が続く場合、富栄養化が藻類の増殖を引き起こします。また、水温、水流などの物理的な原因によっても藻類が大量に増殖する現象、緑潮が発生します。この緑潮という現象を英語では、water bloom といいますが、この現象は藻類の中でも特に藍藻類の大増殖によるもので、人体の健康に影響を及ぼす毒素をもつこともあります。無論、緑色をした水は見た目も悪く、悪臭がしますので、飲み水としても相応しくないことが多いのです。アメリカ、南米、オーストラリアでは、淡水の藍藻類の毒素が含まれた水を飲んだ人間や家畜の健康被害や死亡が数多く報告されています。さらに、この現象により、魚介類の大量死を招くことも多々あります。藻類の大量増殖は水中の酸素を消費してしまうため、魚が呼吸して取り込むことのできる酸素の絶対量が減少してしまいます。結果、魚は呼吸困難に陥り、死に至ります。また、大量発生した藻類の臭いや毒素などを除去するために高度な浄水処理システムを利用しないといけなくなり、その経済的な被害も無視できません。

韓国の環境府、国立環境科学院、国土交通府もこれらの原因を調べ、四大河川における藻類個体数のモニタリングに力を注いでいるといいます。しかし、その原因についてははっきりしないと言われています。原因の特定が難しいといっても、四大河川整備事業の後である

2012年以後、四大河川において異変や水質変化が起こったことは明らかであったと言えるでしょう。そして、この工事が雇用を拡大し、地域経済の活性を促すと強調されましたが、果たして工事の本来の目的である地域経済活性に繋がっていたのかという点にも疑問が残ります。今後、韓国政府、環境府、水資源公社や研究機関などが、原因追及をどのように行い、対応を取っていくか、注目していきたいところです。

第9章

バングラデシュの水問題

地形と気候

バングラデシュは1971年にパキスタンから独立した、インドやネパール、ブータン、ミャンマーに隣接する国です。国土の大部分はガンジス川、ブラマプトラ川、メグナ川で形成される世界で最も大きなデルタ地帯です。3種類の地形的特徴に分けることができ、80%は氾濫原、12%は丘、8%は段丘となっています。面積は14万4570㎢（日本の40%）、そのうち陸地は90・7%、水域9・3%であり、人口密度は1㎢あたり1099人ととても高いのが特徴です。また、世帯規模は4・3人、平均年収は580ドルと低いのですが、GDP成長率がとても高く、現在発展している国です。英語が徐々に公用語化しており、宗教はイスラム教です。主要農産物はコメで、国民の7割以上が農村に居住しています。自然災害が多く、水に関わる問題では、洪水・サイクロン、ヒ素汚染が大きな問題となっています。

雨季のピーク流量は1秒間に16万㎦と非常に高い数値となります。バングラデシュでは、国外の集水地（174万㎢）より多量の水と土砂がバングラデシュ国内に運搬され、これにバングラデシュ国内の雨が加わり流下するため、莫大な流量になっているのです。

気候は熱帯モンスーン気候であり、非常に変化のある降雨や気温を持っています。雨季前（pre-monsoon）、雨季（monsoon）、雨季後（post-monsoon）、乾季（dry season）の四つの季節があります。雨季前（3月～5月）は気温が非常に高く、特に5月に非常に強いサイクロンが発生します。雨季（6月～9月）は降雨の大部分が起こる時期です。雨季後（10月～11月）は雨季前と似た季節であり、乾季（12月～2月）は涼しく天気の良い気候となっています。

総降雨量の約80%は雨季に発生し、1年に2320㎜の降雨が降ります。バン

バングラデシュの基本情報

	人口（億人）	面積（万km^2）	人口密度（人/km^2）	GDP成長率
	1.62（8位）	14（95位）	1157（5位）	6.02（51位）
	1.28（10位）	38（62位）	337（21位）	3.94（93位）

人口・面積：世界銀行 2011年データ

日本のおよそ40%
＝北海道2つ分

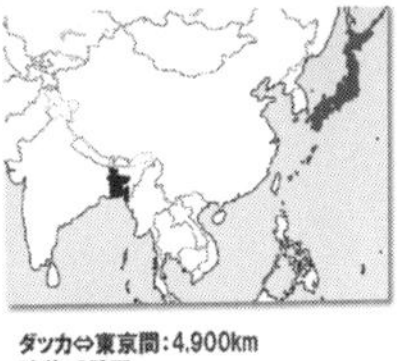

ダッカ⇔東京間：4,900km
時差：3時間
言語：ベンガル語（英語）
宗教：イスラム教83%，ヒンドゥー教16%
主食：コメ，カレー味のsomething
識字率：53.5%

バングラデシュの特色

・ガンジス川・ジャムナ川・メグナ川とその支流によるデルタ地帯
・洪水，サイクロン，竜巻等様々な自然災害が多発
・主要農産物はコメ（世界生産量第4位）・ジュート
・1971年東パキスタンより独立したイスラム教を国教とする国
・バングラデシュの輸出の80%は繊維製品
・国民の62%が農業に従事，7割以上が農村に居住

Wikipedia“バングラデシュ”より

グラデシュは定期的に干ばつや洪水やサイクロンにさらされています。

年平均気温は25℃ですが、4〜43℃までの広い値をとります。湿度は乾季の60%〜雨季98%までの幅を持っています。

季節ごとの降水量をみてみると雨季前は約400㎜であるのに対し、雨季では約1700㎜と非常に高い値をとります。雨季後は大きく減少し約200㎜となり、そして、年合計は約2400㎜となっています。年によって大きく変動しますが、全体としてはどの季節も降雨量が増加する傾向にあります。

気温と降水量をみると、北東部と

バングラデシュの気候

気象庁データ・バングラデシュ気象局データより

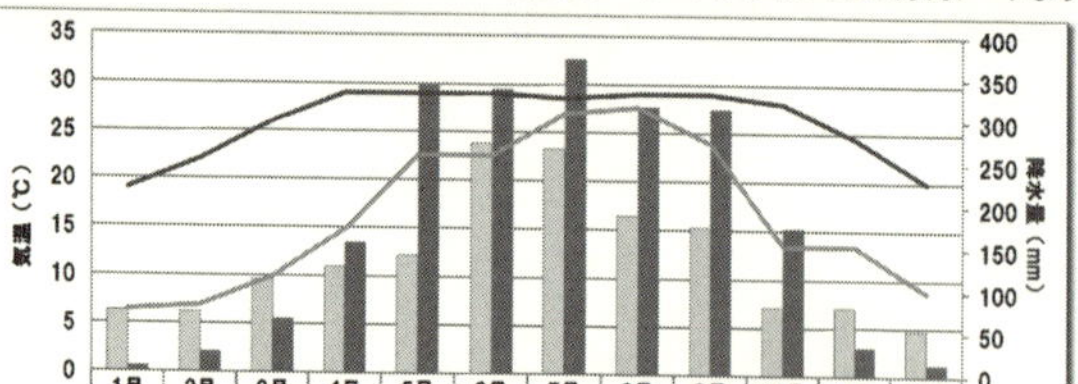

	1月	2月	3月	4月	5月	6月	7月	8月	9月	10月	11月	12月
平均降水量（福岡）	72	71	109	125	139	272	266	188	175	81	81	54
平均降水量（ダッカ）	7	25	63	154	341	337	373	316	314	175	34	15
平均気温（福岡）	6.4	6.9	9.9	14.8	22.6	22.6	26.9	27.6	23.9	13.4	13.4	8.7
平均気温（ダッカ）	19.0	22.0	26.0	29.0	29.0	29.0	28.5	29.0	29.0	28.0	24.5	20.0
バングラデシュの季節	乾季		雨季前			雨季				雨季後		乾季

<温帯夏雨気候(Cw)>
- 10月～3月は温暖であるが，北東モンスーン（貿易風）により乾燥
- 3月～6月にかけて高温多湿が続く
- 6月～10月にかけて，スコールとモンスーンが襲来する
- 3月～5月，10月～11月にかけて大規模洪水・サイクロンが発生
- 年間平均降水量が2,000～3,000mm
  （年間平均降水量 → 日本＝1,700mm，世界＝970mm）

「Cw」ケッペンの気候区分：C=温帯，w=冬季乾燥

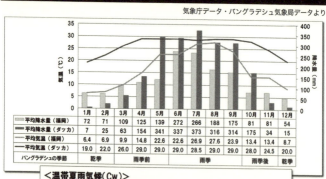

南部は非常に降水量が多く、西部、北部は少ないことがわかります。

バングラデシュの農業は三つの大きな作期に分けることができます。ボロ米、小麦、ジャガイモ、豆類、油糧種子、冬野菜が作られるRabi（冬：10月～3月中旬）、アウス米、黄麻、夏野菜が作られるKharif-I（夏早期：3月中旬～6月中旬）、アマン米が作られるKharif-II（夏後期、雨季：6月中旬～9月）です。つまり、バングラデシュではボロ米、アウス米、アマン米と3種の稲を使用しており、1年を通して米を生産しています。

灌漑用水

水の用途は農業、自治体、産業の大きく三つに区分できますが、農業が88%と大部分を占めています。また、灌漑水の源は地下水と地表水の二つですが、地下水が79%、地表水が21%となっています。

灌漑水の源のうち、地表水は川、池、湖、井戸があります。地下水利用のためには掘り抜き井戸を使用していますが、そういった箇所では電力が必要であり、その電力をどうするかが問題になっています。また、地下水に含まれるヒ素も大きな問題です。

灌漑面積は2003~2004年に約55%であったものの、現在では、灌漑技術の進歩や様々なポンプの使用によって約70%にまで上昇しています。

灌漑によって作られた作物は、米が73%と大部分を占めており、小麦、ジャガイモ、野菜と続きます。米のすべてが灌漑水によって作られているわけではなく、また、米は品種によって水の必要量が異なっています。

灌漑水として使われる地下水ですが、バングラデシュでは地下水が豊富で、帯水層は生産性が高くなっています。地下水面は地表下1～10mと浅いのが通常です。今日では、人口の97%が飲用水として地下水に依存しており、地下水は灌漑や産業にとっても重要な資源となっています。

また、地下水は、地表水よりも細菌汚染傾向が少なくなっています。細菌の面で地下水は利点がありますが、バングラデシュにおいて、浅い沖積帯水層の多くの地域の地下水が、ヒ素汚染という深刻な問題を持っていることがここ数年で明らかになりました。

ヒ素汚染

バングラデシュでは、1970年までは表流水を生活用水として利用していましたが、し尿・生活雑排水の垂れ流しにより水系伝染病が拡大していきました。それを回避するために、1970年代に入り、UNICEFが浅井戸を推奨普及していきました。しかし、その後1993年北西部の井戸でヒ素が確認され、これを受け、全国的に調査を行った結果、全国にヒ素中毒患者が存在することが確認されました。1998年から、政府と世界銀行の協力により、上水道の整備を実施したが、国全体の70%を占める農村部での整備は依然できていない状況です。

バングラデシュ政府が定めるヒ素レベルの基準値は1Lあたり0・05㎎と、WHO基準の5倍という緩い基準です。しかし、WHO基準の1・7%という低濃度でさえ長期間継続して飲むとヒ素中毒をおこすという事例があります。

ヒ素汚染源と存在域についてわかっていることは

・高濃度ヒ素を含むヒマラヤ山脈の汚染源があるということ
・ヒ素は河川堆積物として河川床に堆積
・地表から300m以上の深さにある地下水にも存在

ということです。

　またヒ素流出のメカニズムとして、ヒ素を含む地層にヒ素を溶かす細菌が作用して、帯水層にヒ素が流れ込み、このヒ素が地下水として移動してくることによって農民が使う井戸に拡散しているといえます。

　井戸の深さとヒ素含有量を見てみましょう。井戸の深さが浅くなるにつれ、ヒ素含有量が増加する傾向があります。ただし、深井戸でのヒ素確認例もあります。

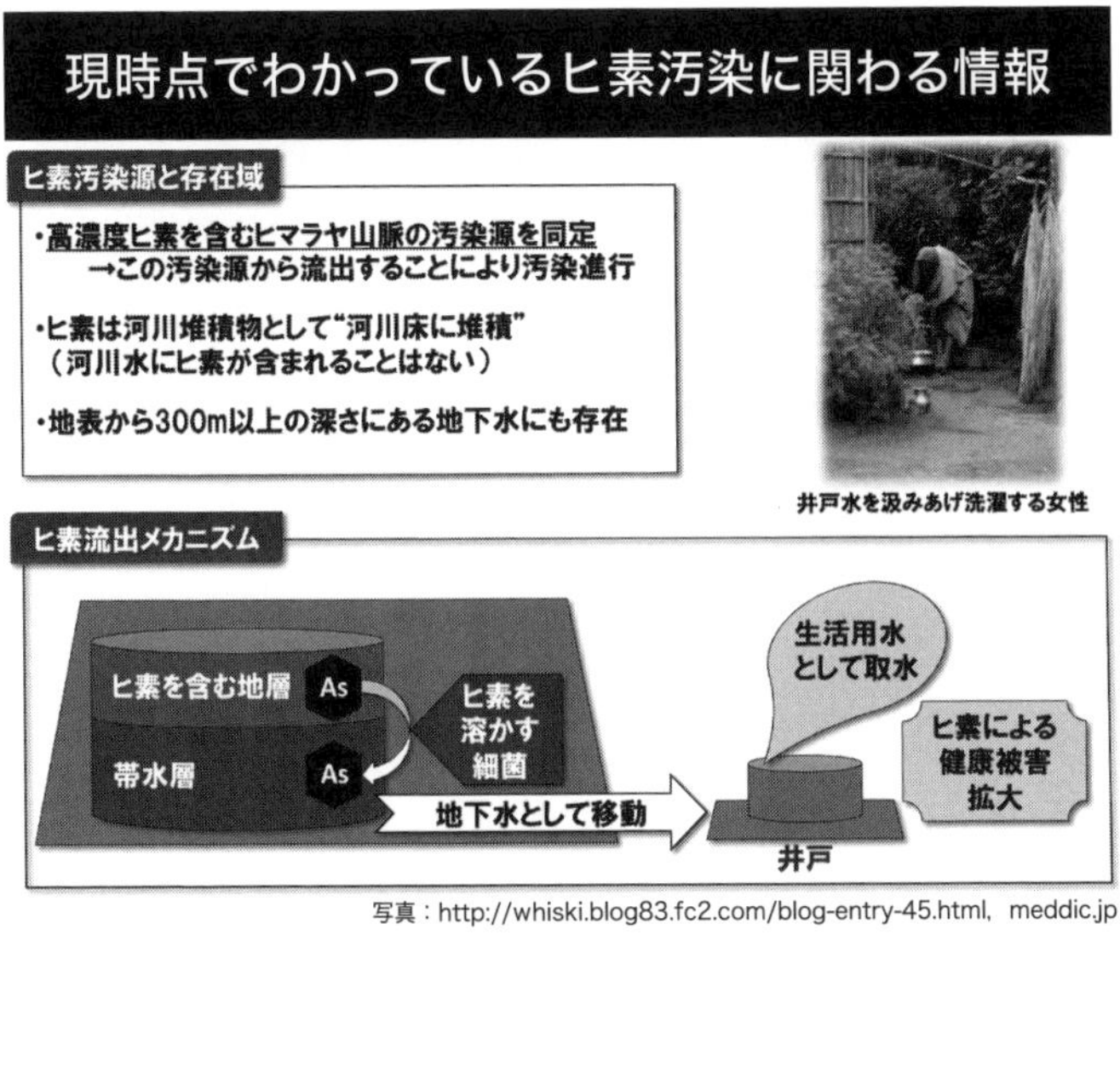
現時点でわかっているヒ素汚染に関わる情報
ヒ素汚染源と存在域
・高濃度ヒ素を含むヒマラヤ山脈の汚染源を同定
→この汚染源から流出することにより汚染進行
・ヒ素は河川堆積物として"河川床に堆積"
（河川水にヒ素が含まれることはない）
・地表から300m以上の深さにある地下水にも存在
井戸水を汲みあげ洗濯する女性
ヒ素流出メカニズム
ヒ素を含む地層
As
帯水層
As
ヒ素を溶かす細菌
地下水として移動
生活用水として取水
ヒ素による健康被害拡大
井戸
写真：http://whiski.blog83.fc2.com/blog-entry-45.html, meddic.jp

なぜならば、浅層域のヒ素が深層に流入する場所も存在するからです。

井戸利用に関する聞き取り調査では、村民は、たとえ近い距離であってもヒ素がない井戸まで水を汲みにいかない場合のあることが明らかになっています。村民の傾向として

・ヒ素レベルよりも鉄臭（さび）を気にする傾向がある
・たとえ近い距離に安全な井戸があったとしてもより身近な井戸を利用する傾向がある

というようなことがあります。しかし村民は、井戸を深く掘れば比較的安全な水を利用できることを知っており、ヒ素汚染リスクに対する知識も持っています。

井戸利用に関する聞き取り調査

No.	政府/NGO等による ヒ素レベル調査結果	深さ(m)	利用世帯	用途	掘られた年代	鉄レベル
1	ヒ素濃度大	17.1	2世帯	水洗い用	2012	高
2	ヒ素濃度大	38	8世帯	全て	2007	低
3	ヒ素濃度大	28.5	2世帯	水洗い用	2010	中
4	不明	30.4	5世帯	全て	2011	中
5	ヒ素濃度大	30.4	1世帯	水洗い用	2010	中
6	不明	76	5世帯	全て	2004	低
7	ヒ素濃度大	38	1世帯	水洗い用	2009	中
8	なし	159.6	学校	全て	2010	低
9	なし	342	学校	全て	2006	高
10	なし	342	1世帯	全て	1992	中

Chandpur民家の井戸
大量の鉄が含まれている様子

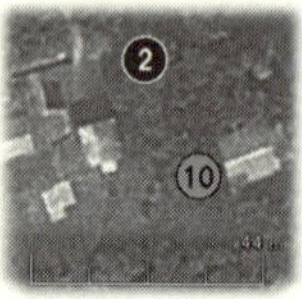

調査井戸No.2とNo.10の位置関係

・ヒ素レベルよりも鉄臭(さび)を気にする傾向もある
・たとえ近い距離に安全な井戸があったとしても，より身近な井戸を利用する傾向がある．
→水汲み作業は力を必要とするにも関わらず，女性・子供の作業であるため
・井戸を深く掘れば，比較的安全な水を利用できることも知っている
・村民は，ヒ素汚染リスクに対する知識あり

一つの井戸を作るためにおよそ1万2000円が必要です。バングラデシュの国民の所得は非常に低く、1万2000円は農村域住民の140日分の生活費に相当するため、負担することは難しいといえるでしょう。

ヒ素汚染を回避するための政府・NGO等による努力をまとめてみます。

①雨水の利用：雨が降らない乾季には利用できなくなる問題がある。

②浄化装置の設置：設置費用、メンテナンス費用がかかり、海外からの支援が継続されない限り運用が難しい。

③ヒ素リスクを有する井戸の情報周知：各井戸を回りヒ素レベルをチェックし、飲める飲めないといったマーキングがされている。しかしながら1990年代に行われた検査結果をいまだに用いているものもあり、現在はヒ素レベルが変化していることが考えられる。

サイクロン被害

バングラデシュでは、3～5月、10～11月にかけてサイクロンによる大規模洪水が発生します。ちなみに年間平均降水量が2000～3000㎜で、日本の約1・5倍となっています。図は、サイクロン被害のメカニズムをまとめたものです。低気圧による海面上昇がおこり、その後サイクロンによる暴風により高潮が発生します。さらにサイクロンがもたらす雨によって降雨流出による洪水被害が起こっています。

日本では台風や地震という災害が多いのですが、バングラデシュでは大きな災害の全てがサイクロンです。恐ろしいことに、1970年のサイクロンの死者・行方不明者50万人、1991年のサイクロンの死者・行方不明者14万人となっており、桁違いに被害者が多いことがわかります。ただ、2007年のサイクロンでは死者・行方不明者は4200人にまで減っています。

バングラデシュにおける過去のサイクロン被害状況をみると、ほとんどの被害地域が南部であることがわかります。このように被害が一定地域に集中する理由として、チッタゴン、コックスバザールでは後背地に高地があり、サイクロンによる雨量が短時間で低平地に貯留することによって被害が発生していることがあります。メグナ川流域では、莫大な河川流量と増水が原因です。クルナ・シュンドルボンでは、ベンガル湾の潮汐の影響を最も受けやすいことが原因です。総じて考えると、低平地であることが最大の要因であるといえるでしょう。

サイクロン被害のメカニズム

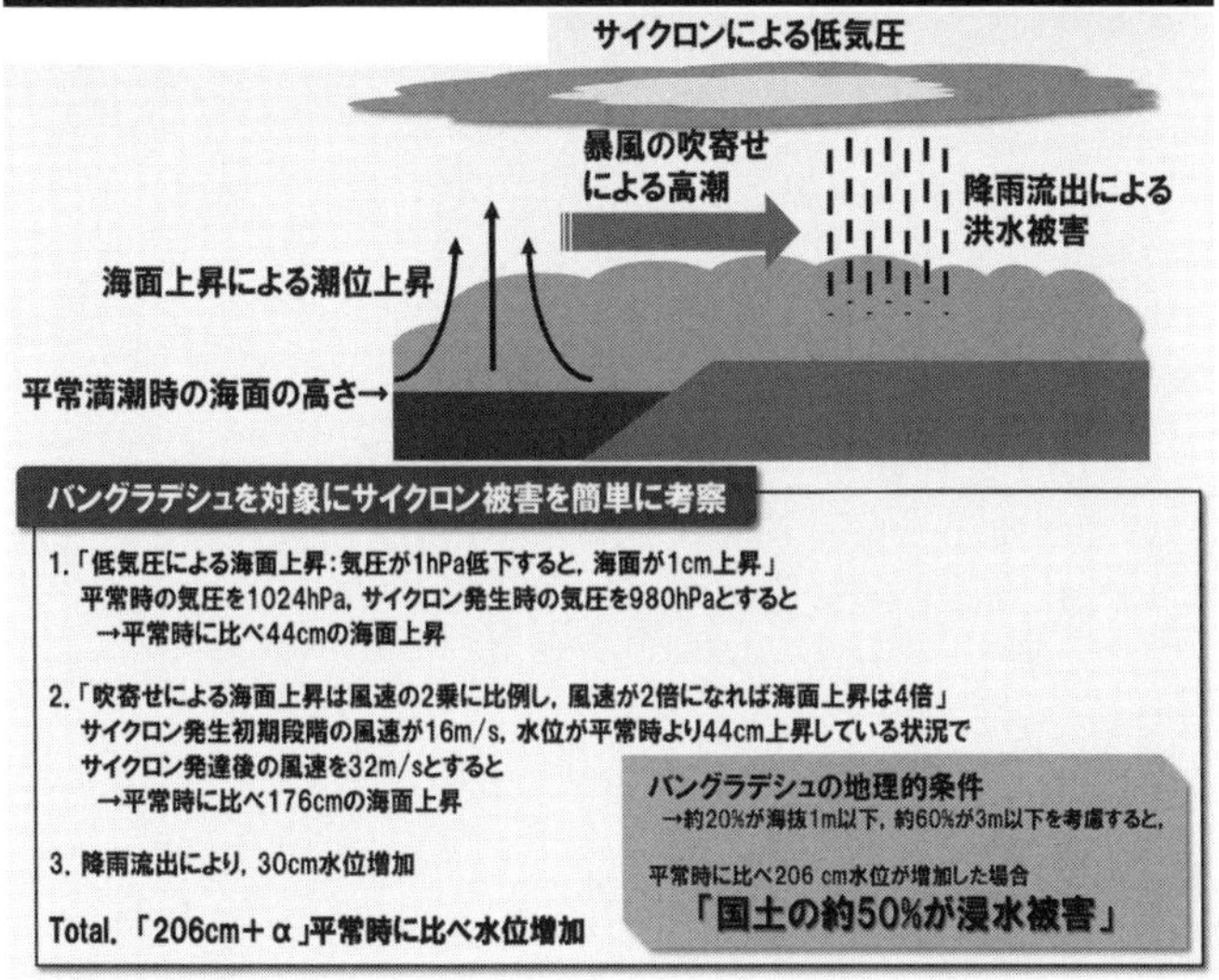
サイクロンによる低気圧
暴風の吹寄せによる高潮
降雨流出による洪水被害
海面上昇による潮位上昇
平常満潮時の海面の高さ→
バングラデシュを対象にサイクロン被害を簡単に考察
1.「低気圧による海面上昇：気圧が1hPa低下すると，海面が1cm上昇」
平常時の気圧を1024hPa，サイクロン発生時の気圧を980hPaとすると
→平常時に比べ44cmの海面上昇
2.「吹寄せによる海面上昇は風速の2乗に比例し，風速が2倍になれば海面上昇は4倍」
サイクロン発生初期段階の風速が16m/s，水位が平常時より44cm上昇している状況で
サイクロン発達後の風速を32m/sとすると
→平常時に比べ176cmの海面上昇
3．降雨流出により，30cm水位増加
Total．「206cm＋α」平常時に比べ水位増加
バングラデシュの地理的条件
→約20%が海抜1m以下，約60%が3m以下を考慮すると，
平常時に比べ206 cm水位が増加した場合
「国土の約50%が浸水被害」

シェルターの建設

２００７年のサイクロン被害が激減したという話をしましたが、それは「サイクロンシェルター」の建設によるものです。サイクロンシェルターとは、通常は学校や集会所として利用され、災害時にはサイクロンを避けて逃げ込むことができるように、高く作られた建物です。２００４年時点で１９４１個のサイクロンシェルターがあります。

死者・行方不明者14万人の１９９１年のサイクロンと、死者・行方不明者４５００人の２００７年のサイクロンを比較すると、サイクロンの規模は同等であったにもかかわらず、被害が激減しています。この背景には、各国の援助機関・ＮＧＯにより１９９１年以降、本格的に取り組まれたサイクロンシェルター建設があります。１９９１年以降シェルター数が増加しており、このサイクロンシェルターの建設によって大幅に人的被害を縮小できたといえるでしょう。

サイクロンシェルターは人命救助に役立っているのですが、なかにはシェルターに避難しなかった人もいます。避難しなかった理由として、家財の散在・盗難、家畜の安全、イスラム教が関係する神の意志等、当地特有の理由もあります。また、サイクロン避難時に持参したものとして、食料、衣料、現金、そして家畜があります。逆に持参したかったができなかったものの1位に家畜が挙げられています。なぜ家畜かというと、人々の中には家畜が生計を担っているという意識があり、こだわりがつよいのでしょう。

このように宗教観・文化の違いから人命を保護する「避難行動」に対する反応が異なっているのです。

サイクロンから人命を守るための努力

サイクロンシェルターの建設

- 1991年のサイクロン（死者140,000人）を契機に本格的に建設に取り組む
- 通常時は，学校・集会場として村民が利用

特定非営利活動法人
シャプラニール＝市民による海外協力の会 HP

株式会社エイト日本技術開発 HP

サイクロンシェルター数

Chittagong	Cox's Bazar	Patuakhali	Bagerhat	Pirojpur	Bhola	Feni
365	385	328	70	26	318	43
Noakhali	Lakshmipur	Barguna	Barisal	Khulna	Satkhira	合計
191	96	94	1	17	7	1,941

2004 バングラデシュ統計局データ

第10章

食品企業における地下水の利用と水資源の保全

〜水のサステナビリティを目指して〜

人類と水資源

水はヒトが生きていくために必須の物質ですが、ヒトとの関係はヒト社会が発達するにつれて、大きく変わってきました。

洞窟などに居住し、食糧を求めて移動する狩猟採集型の生活では、水飲み場の確保が生死に直結していました。山から湧き出る水は貴重で、神秘的なものでもありました。やがて、ヒトは食糧となる植物栽培技術を獲得しますが、それには安定的に多くの水が必要で、水の多い川辺に集まり集落を形成するようになります。そして、井戸掘りや、カナートと呼ばれる地下用水路の建設技術が発達すると、ヒトは川辺から離れた場所での生活も可能となり、それと同時に水の神秘性も失われ始めました。

さらに時代が進んだ古代ローマでは、建設技術が発達して大量の水を遠隔地まで運ぶことができるようになりました。都市部の水需要を満たすために、遠方の水源地から水を運ぶための水道や、都市部での地下水道が建設されましたが、このことがローマ帝国の繁栄を支えたといっても過言ではありません。これらの技術は非常に優れたものですが、水位差（重力）を利用したもので、水を高所から低所へと運ぶことしかできず、位置エネルギーの高い水しか利用できませんでした。しかしながら、こうした状況も、産業革命後のポンプの発明で大きく変わることになりました。低地の水を高地に引き上げることが可能となり、さらには手近な地下水が容易に利用できるようにもなりました。世の中ではまさに水資源が無尽蔵であるかのような錯覚がうまれていました。合わせて高度成長期を迎えた人社会を支えるため、農作物の増産や工業生産に、まさに湯水のごとく利用され、やがて、水資源の枯渇危機を招いたのです。その実例として、ソ連でのアラル海の消滅危機や、米国でのオガララ帯水層での地下水位の低下は、よく知られています。

そもそも神聖で貴重なものであった水ですが、産業革命後以降は消費財としての側面が強まり、やがて淡水資源枯渇の危機に直面することとなりました。そして、ヒトはようやく有限である水資源の大切さを思い知り、その持続可能性を検討する時代となったのです。

サントリーと水

ここからはサントリーが水について考え、行っている取り組みについて述べていきます。

サントリーグループは酒類や飲料、健康食品、化粧品など幅広く事業を手掛けています。創業は1899年で、創業当初は葡萄酒の製造販売などを行っていました。1923年からはウイスキー事業に取り組み、酒類の製造販売を中心に企業規模を拡大してきました。しかし、1982年の酒税改正を機にウイスキーの売り上げが激減し、以降は食品飲料事業を中心に成長してきました。

創業以来、サントリーは飲み物の製造販売を生業としており、その商品の多くが水に支えられていることから、サントリーのオリジンは水であるとも言えます。そこで、サントリーは「水と生きる」をコーポレートメッセージとして掲げ、それに込めた三つの思い（水への思い、社会への思い、私たち自身への思い）を社会に発信しています。

サントリーの環境基本方針には、第一に水のサステナビリティの実現が掲げられています。

水のサステナビリティを実現するためには、水源を守ることにより水を育み、その水を大切に使い、浄化した後に自然に返す必要があるのです。地下では地層が何層にも重なり合っており、利用可能な地下水は隙間の大きい砂礫の層に分布しています。この地下水が分布する層を帯水層と呼びます。上部に透水性の地質のみが分布する帯水層は汚染の影響を受けやすいのですが、粘土層などの不透水層で挟まれた帯水層は汚染の影響を受けにくいという特徴があります。

「水と生きる」の実践

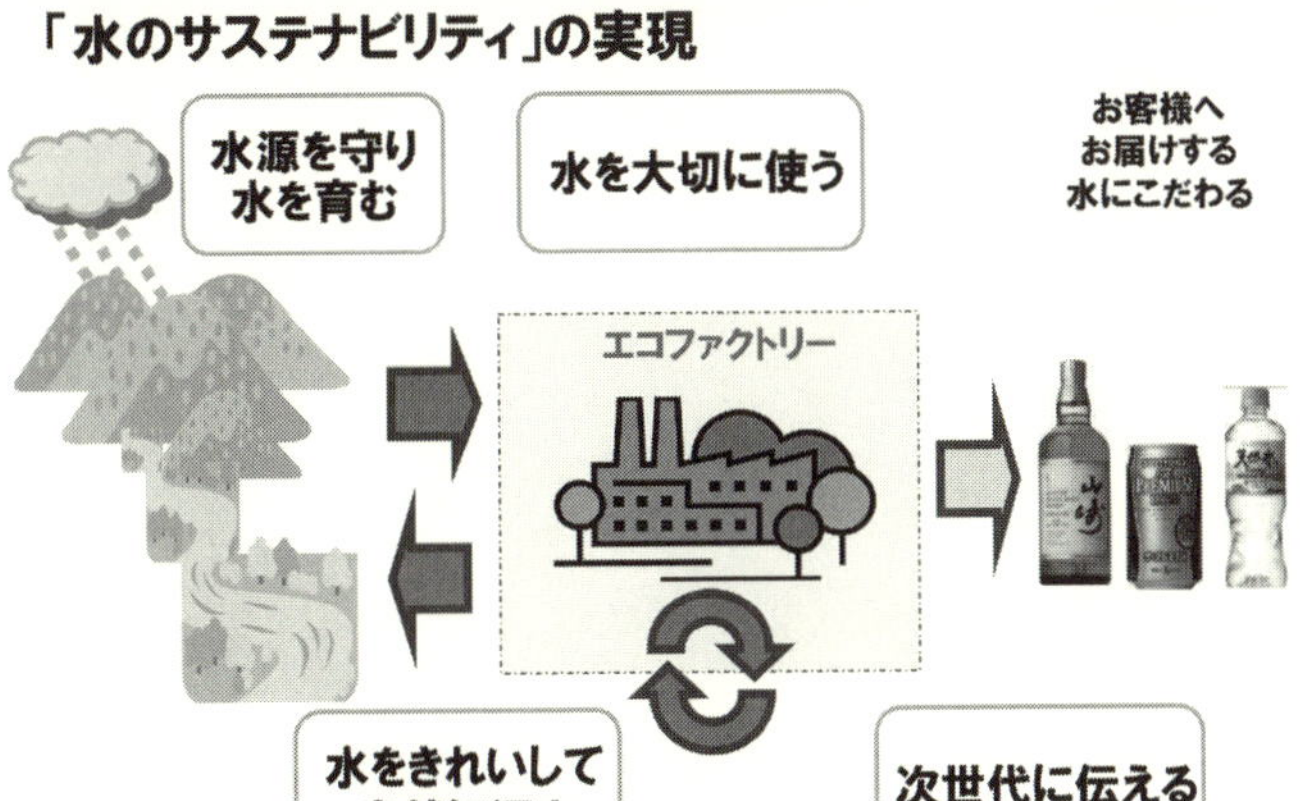

サントリーの取り組み

サントリーの工場では飲料の原料として地下水を利用しています。この地下水を守る取り組みとして、サントリーでは「天然水の森」という活動を展開しています。サントリーが利用する地下水のもとをたどれば流域上流の森林に降った雨へとたどり着きます。つまり、森林がサントリーで利用する地下水の水源地ということです。その水源地を永続的に守ろうというのが「天然水の森」の活動で、高い水源涵養能、高い生物多様性、洪水・土砂災害への耐性などの機能を森林に持たせることを目標としています。涵養の目標は、サントリーグループ全工場で汲み上げる地下水量よりも多くの地下水を育むことで、そのためには約7000ha以上の涵養面積が必要と試算しており、水源涵養のための森林増加に力を注いでいます。

工場の上流に「天然水の森」を設定するには周辺の水資源の状況と地下水の流れを知る必要があります。まず文献等の既存資料を用いて地形調査や地質調査を行います。次に現地調査を行い、水の成分分析や、地下の地質・地層の調査、工場周辺の井戸情報などを調べて、地下水の滞留時間や、詳細な涵養源を推定することになります。こうして得られた結果をもとに水源地の場所を特定し、その地域を「天然水の森」に設定し、「天然水の森」として、涵養活動を行っています。現在、この「天然水の森」活動は全国19か所を対象に行われており、「西山森林整備推進協議会」として同様の活動をしている分を含めると、その面積は９０００haにも達しています。これはサントリーが工場で汲み上げる量以上の地下水を涵養するには十二分な広さですが、サントリーでは２０２０年までに「天然水の森」を倍増するとい

「天然水の森」の実施状況

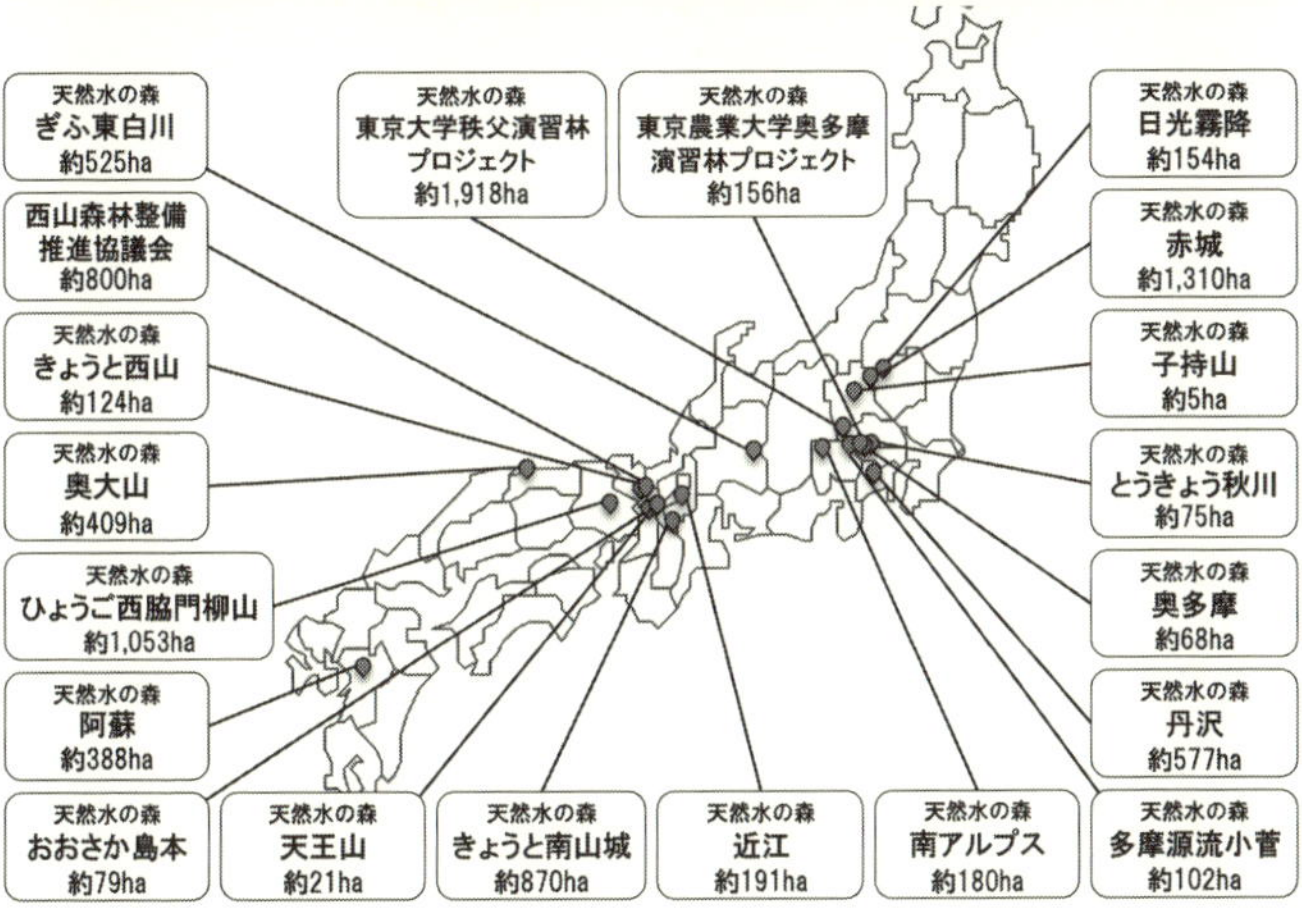

う新たな目標を掲げ、さらなる活動の推進に取り組んでいます。。

森林の研究には様々なものがありますが、それらが地下水の量や質に対してどのように影響するかといった総合的な研究はあまり進んでいません。そこでサントリーでは、植生、土壌、砂防、水文、微生物など、様々な分野の専門家に協力を仰ぎ、保水力が高く、水質浄化機能の高い「土づくり」につながる整備計画を立案しています。

また、水資源のサステナビリティを実現させるためには、水を守ることの大切さを次世代に伝えていくことがとても重要です。サントリーではそのための一つの活動として、「森と水の学校」として自然体験教室をサントリー天然水の森で行っています。地元環境活動家の方々と共に森について勉強していただき、人々の森に対する意識を高めています。

森林における地下水涵養の仕組み

皆さんは、地下水がどこに、どのように存在するかご存じでしょうか。地下深部の間隙に溜まった地底湖のようなものを想像される方もいらっしゃるかもしれません。実際には、利用されている地下水のほとんどは砂礫が詰まった地層から採水されており、その砂場の砂の微小な空間を流れる水を吸い上げるイメージです。ここで重要なのはこの水が循環しているということですので、そのサイクルを見てみましょう。

大地に降りそそいだ雨や雪が地下に染み込み地下水が生まれます。地下水はそのまま地下をたどり、あるいは途中で地表に出て川となり、海へと流れ込みます。海水となった地下水は水蒸気として蒸発し、凝結して雨雲をつくり、やがて雨や雪となって再び大地に降りそそぐことになります。

ところで、森林に降った雨がすべて大地に染み込むわけではありません。多くの降雨は地表流、蒸発、蒸散などにより森林外に流出し、地下水にはなりません。では、森林の地下水涵養力を高めるには何をすればよいのでしょうか。

　サントリーでは、森林自身に水を蓄える力をつけることが最も重要で、そのためには、降った雨が容易に大地に染み込んでそこで適度に保持することができる土壌構造（団粒構造といいます）を形成させることが有効だと考えています。団粒構造の形成には時間がかかるとともに、雨滴衝撃やヒト・動物の歩行で簡単に壊れてしまうこともありますが、森林内に木々を適切に配置し、管理していくことにより、水源涵養力の高い森林

森林での地下水涵養

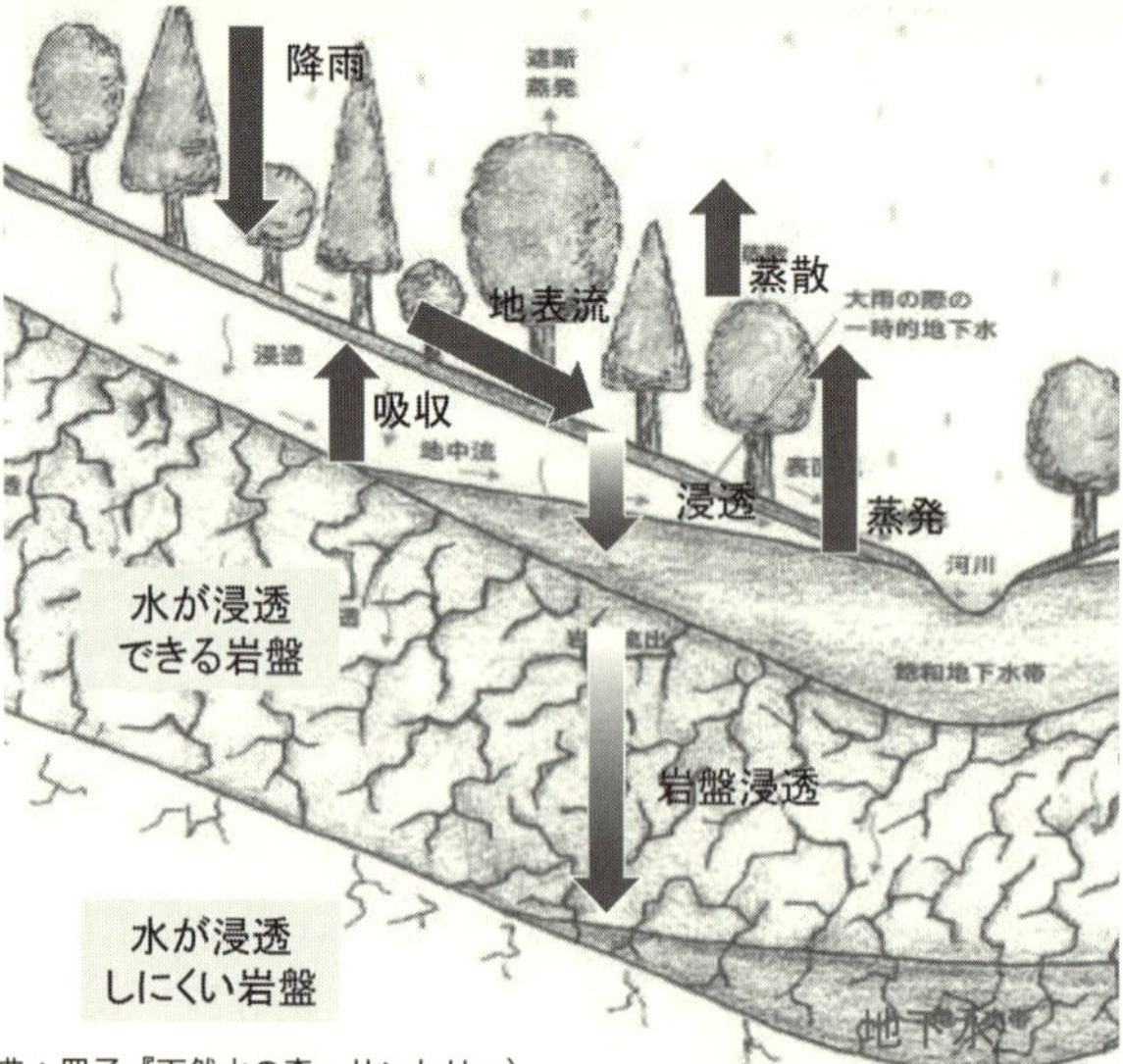

（出典：冊子『天然水の森』サントリー）

を守っていくことができると考えています。
　現在、日本の森林の状況は必ずしも良好ではなく、放置林増加、竹の侵入（竹林化）、土砂崩壊表土流出、といったものが多く見られます。これらは間伐や枝打ちなどの手入れ不足が主な要因ですが、サントリーは「天然水の森」活動を通じて、こうした問題の解決にも取り組んでいます。

「天然水の森」の水源涵養活動とは、地下水を育むのに最適な土壌、すなわち有機的な「団粒構造」をもつ土づくりが最終目標になります。

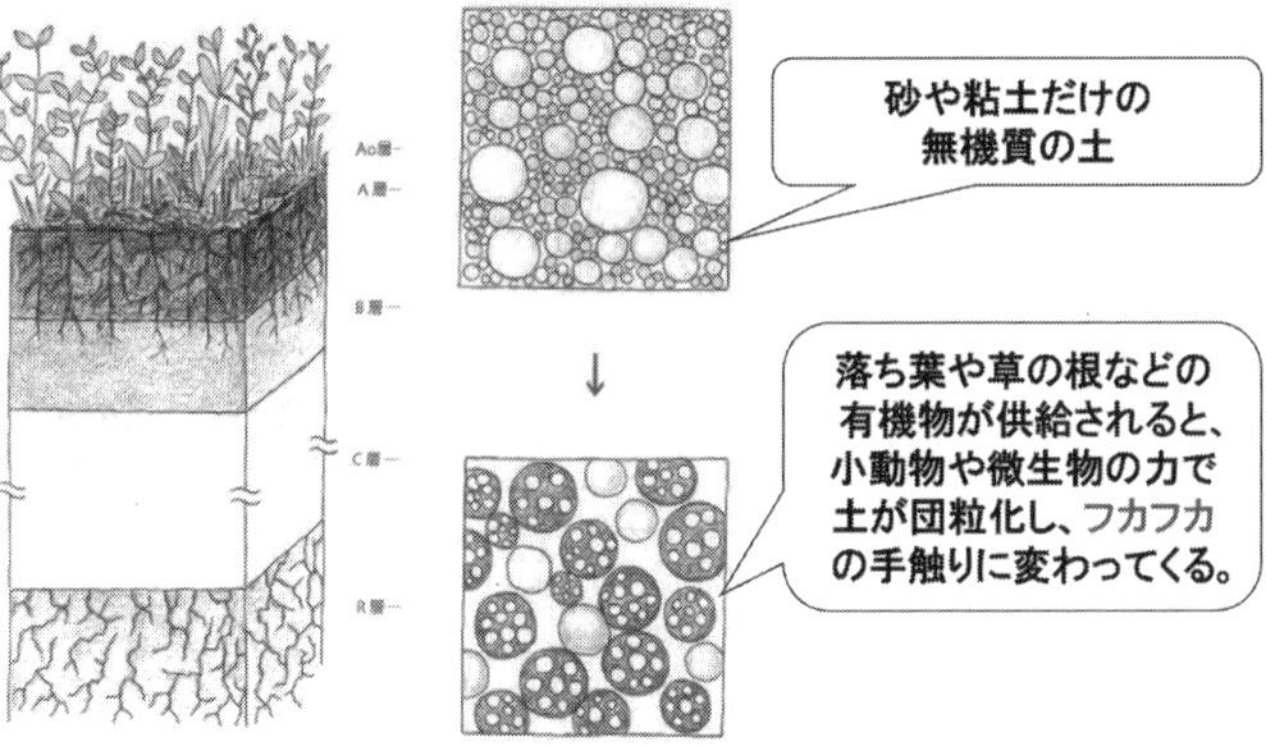
A_0層
A層
B層
C層
R層
砂や粘土だけの
無機質の土
落ち葉や草の根などの
有機物が供給されると、
小動物や微生物の力で
土が団粒化し、フカフカ
の手触りに変わってくる。

水資源管理の連携

広域での水資源の持続性を考えるには、流域ごとでの水資源管理が重要で、そのためには住民や地方自治体などそこに関わる人々との連携が必要になってきます。

過去において企業にとっては、利益を出すことが最重要課題で、環境に対してはあまり意識をしていなかった時期がありました。南インドのケララ州は2004～2005年にかけて、大干ばつに見舞われました。農家が大打撃を受ける一方、その地域にあった米国の世界的飲料メーカーの工場は、深層にある地下水を利用していたために操業を続けることができました。この地下水は、表層河川の枯渇とは直接的な関係はないのですが、農家はその飲料メーカーが農業用の水を奪っていると考え、工場を操業停止に追い込んでしまいました。さらにインド国内での全国的な不買運動へと広がり、飲料メーカーは大打撃を被ることになりました。地域の水を使う以上、地元への配慮・連携が必要であるといえます。この事態を受けて、その飲料メーカーの米国本社環境担当副社長は、「科学的に正当であるかどうかは関係なく、自分たちが水使用の大きな象徴であることに気づくべきだった」「流域内の水問題について積極的に支援すべき」と述べており、その後に地元NGOと協力して流域での環境負荷低減を進め、流域では2010年にウォーターニュートラルを達成しました。

また、フランスの世界的な食品会社は、1926年から自社のミネラルウォーターの水源保護に取り組んでいます。1992年には自治体などと共同で環境保護協会を設立し、有機農法の導入と経済支援、技術支援、流域内コミュニティの情報共有を行っています。地域住民と一体となって水源を守り、ブランド価値の向上に取り組んでいるのです。

水資源にかかわるステークホルダー

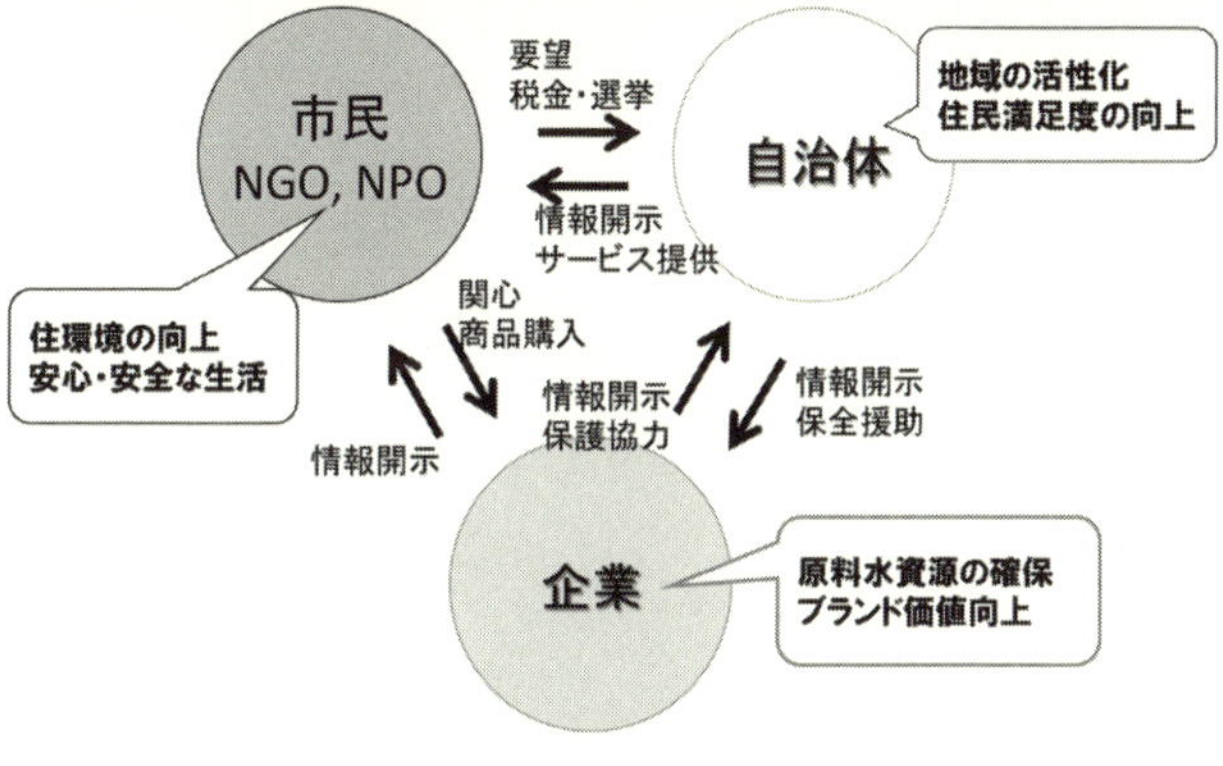

ステークホルダー間での信頼関係の構築が重要

もう一つ大事なこととして、市民の感覚があります。法律上の考え方は、河川水は水利権を持つ人のもの、地下水は井戸を持つ人のものです。しかし、よく考えると地下水と河川水はつながっており、水資源は循環する流域の中で関係者全員が守り育むものという考えに変わってきています。行政を見てみると２０１１年、国土交通省に「水管理・国土保全局」が発足し、流域を一体とした総合的な水資源管理を担っています。

以上のように、水問題には企業・市民・自治体が関わっていますが、正しいコミュニケーションをとることで三者が Win-Win-Win を構築することができると考えています。

水資源管理の基準づくり

水資源を管理していくためには水資源の量や質を共通の尺度で評価できる指標が必要です。その指標の一つがウォーターフットプリント（WFP）で、1つの商品を作るのにどれだけの水を使ったかを表すことで、水資源の量や質の評価が可能となりました。

地球規模で水資源のリスクを低減していくには、世界中で首尾一貫した考え方による水の管理手法が必要です。そうした考えのもと、2009年にヨーロッパで非営利団体であるAlliance for Water Stewardship（AWS）が設立されました。設立にはウォーターフットプリントに関係する、多くの水企業や国連機関、非政府系団体などがかかわっています。2013年3月にはAWS Standardという水管理基準のドラフトが作成され、世界に向けて発信されました。

もう一つの動きとして、ISOの国際規格としての使用や水質汚染による環境影響を算定する動きがあります。この規格では、ライフサイクル・アセスメントの原理に基づいて、水に関連した潜在的な環境影響の算定や、その環境影響を低減するための方策が示されるようになります。さらには、この規格によって水の使用効率の改善、ならびに、製品、製造工程および組織での水資源管理の最適化が可能となるだけでなく、ウォーターフットプリントの評価をもとに、産業界、政府、非政府組織などの様々な組織の意思決定者は、水資源に関する彼ら自身の潜在的影響を把握することができるようになります。

ウォーターフットプリントの概要

ウォーターフットプリントは製品（またはサービス等）のライフサイクルで消費された淡水資源の総量（雨水、河川水・地下水と排水希釈水）をあらわす（WFN※による定義）。

ウォーターフットプリント(WFP)	＝	雨水 Green Water	＋	河川水・地下水 Blue Water	＋	希釈水※※ Gray Water

解析範囲は評価者によるが、原料生産から工場での製造までとすることが多い（シャンプーなどの生活品では消費者による使用段階まで含むこともある）。

※WFN：ウォーター・フットプリント・ネットワーク
※※希釈水：排水を環境基準値まで希釈するのに必要な水

あとがき

お金と同じく、水は天下のまわりものです。蒸発して失われたように思えても、やがて雨として再び地表に降り注ぎ、我々や木々、田畑を潤し、地下に潜り、やがて海に還っていき、そしてまた蒸発して空へと昇ります。水が循環する、ということは、どこかの段階で水を汚したり、堰き止めたりすると、循環を通じてその影響が全体に広がってしまう、ということです。そのため、水の問題は水が循環している流域全体で考えなければならないのです。

地球にはたくさんの水があります。その0・01%しか簡単には使えないとしても、だからといってただちに水が貴重だとは言えません。お金にたとえて言うならば、誰かが「自分の貯金は1800兆円の個人金融資産の0・01%しかないのでとても貴重だ」と言ったとしても、誰ももっともだ、とは思わないでしょう。1800兆円の0・01%、1800億円も貯金があれば普通は充分だからです。

でも、どんなにたくさんの貯金があったとしても、どんどん使っていたらいつかはなくなってしまうように、どこかに溜まっている水資源だけが頼りだとしたら、結局は枯渇して使えなくなってしまいます。でも、水は天下のまわりものなので、健全な循環を阻害しない使い方をしていれば、未来永劫使い続けることができます。お金で言えば、貯金を取り崩すのではなく、毎月入ってくる給料で足りる様な使い方をしていれば、持続可能だ、というわけです。

ところが、水の循環は季節的な変動も大きく、年によっては普段よりも特別に多かったり少なかったりします。そうした年でも洪水や渇水による被害が最小限に抑えられるように、人類は溜め池などを作って変動に適応してきたのです。

また、水は輸送費に比べて安価であり、かつ大量に必要なため、なかなか地域を越えての輸送が経済的な合理性を持ちません。そのため、水は地域資源としての特徴が強く、コミュニティの愛着も湧き、なかなか他の地域と分かち合うのが難しいのです。第5章で紹介されている国際河川の問題、第8章で紹介されている韓国での洛東江の分水に反対する慶尚南道の反対などはそうした地域に根差した水への心の畏敬の念が大きく影響しています。

森林と水は豊かな自然の象徴で、どちらも無条件によいものである、と我々は感じるようにできています。そのため、森林も水も様々な便益を我々にもたらしていて、両者の保全は絶対的に善であると直感的に思ってしまいがちです。

しかし、第2章で紹介されている通り、森林は多様な機能を持ち、様々な恩恵を人間社会にもたらしているけれども、木々も生き物であり、我々と同様に水を消費しています。少雨の際には人間と木とで水を奪い合う関係になるのです。また、木々は雨滴の衝突から地表面を守り、多少の雨では表層土壌が流出しないように斜面を守ってくれていますが、どんな豪雨に対しても森林さえあれば斜面は崩れないというわけではなく、何十年、何百年に一度の稀で非常に強い豪雨の際には表面に木が生えていてもいなくても、深いところから斜面全体が崩壊するような事態が生じます。

外国人が都心のビルを所有した、と聞いて憤る人はあまり多くないのではないかと思いますが、外国人が水源林を買収している、と聞いただけで何だか落ち着かない気持ちになったり、不安に感じたり、怒ったり、至急差し止めるべきだと主張したりする人は多いのです。

冷静に考えてみると、海外からの投資、特に停滞している地方への投資はありがたい話です。水源林を買収されて地下水を汲み上げて海外で売るとしても、それは日本の資本がやるのと同様、周辺環境に悪影響が懸念されたり認められれば指導したり制約をかければ良いのです。むしろ日本の資本が躊躇している投資を海外資本が積極的に行って地域経済の活性化に貢献しているとも考えられます。

農林水産省・林野庁による「居住地が海外にある外国法人又は外国人と思われる者による森林買収の事例の集計（平成18～28年における森林取得の事例）」によると、この11年間で141件1440haの日本の森林が買収されているそうです。日本の国土の約3分の2、約2500万haは森林ですので、買収が確認されているのはその1万分の1にも満たない微々たる割合です。

それでも、単に「主として北海道のスキーリゾート近辺の温泉付き別荘地」ではなく「水源林」が海外資本に独占される、という風に聞かされると心がざわつくのは、やはり水に対して我々は特別な思いを抱いているからだと思います。

第3章で紹介されている通り、地下水もその多くは循環している水です。そうはいうものの地下の砂や礫の間をゆっくりと流れる量を測定するのは容易ではないこともあり、日本では地下水はその土地の所有者による処分権が認められています。

しかしながら、その地下水を汲み上げると、汲み上げる井戸の地下水位は下がり、周辺の地下水面との間に勾配ができて、周囲から地下水が流れ込んできます。つまり、その土地の地下水を汲み上げているようであっても、大抵の場合には周辺の他の土地の地下水も集めて収奪しているのです。

また、地下水も水の循環の一部であるからこそ、地表面における水質汚染の影響を受けるのです。悪いことに、循環がゆっくりであると、汚染が蓄積して異変に気付くまでの時間も長くなります。さらに、水質汚染を修復しようとして汚染源を絶っても浄化するまでには長い時間がかかるのです。

さらには地盤沈下の問題もあり、いっそ地下水は使わない方が良いのではないか、と思うかもしれませんが、必ずしもそうだとは限りません。

汚染されない様に管理し、降った雨が地下水帯水層へと浸み込んでいく速度に見合った利用であれば、地下水は質も量も安定して利用可能な頼りになる水源です。

そもそも、利用されなくなると一般社会の関心も薄まり、適正に管理されなくなって量も質もひどいことになるのが自然環境の常です。使い続けて恩恵を受けるからこそ保全され、きちんと管理されるのです。持続可能な地下水利用を推進すべきだと思います。

さて、安定した水供給のための社会基盤施設がそれなりに整備され、長期的には人口が減り水需要の逓減が見込まれる日本では将来の水需給の心配は不要なのでしょうか。まず、日本では気候変動によって豪雨が増えるのに対し降水回数が平均的には減少し、年降水量は同じか微増でも、利用可能な水資源量が実質的には減少する可能性が高いのです。さらには、社会基盤施設が徐々に老朽化していくのに対し、人口減少で財政的余裕がなくなるため、減りゆく人口に合わせて戦略的な集約を進めて的確な維持補修更新をしていく必要が生じます。

そういう意味では、コンパクトシティの利点を国土全体に生かす「国土のコンパクト化」が今後必要になるのではないでしょうか。すなわち、水に限らず、エネルギーや通信、交通や物資輸送、医療や教育、行政や金融など、健康で文化的、安心で快適な生活の維持には必須である広義の社会基盤サービスを現状の人口減少下でそのまま維持し続けるのは難しいため、長期的な国土利用計画を定め、２１００年にもそうした広義の社会基盤サービスを維持する地域としない地域を明らかにするのです。これにより、国土全体として維持管理が経済的に可能で、エネルギー使用量が少なく、自然環境への負荷が低く、自然災害へのリスクが低く安全で、かつ幸福感の感じられる住まい方に誘導可能となるでしょう。

水の恵みを最大限に生かし、水の災いを最小限に抑えるための努力を、我々は今後とも長期的な視点に立って続けていく必要があるのです。

そういう意味では、2014年3月に可決成立し、同年4月に公布、7月に施行された水循環基本法では、水を「国民共有の貴重な財産であり、公共性の高いもの」と位置づけ、水循環の重要性、水の公共性、健全な水循環への配慮、流域の総合的管理、水循環に関する国際的協調の5点を主に掲げています。法律の中で健全な水循環を「人の活動及び環境保全に果たす水の機能が適切に保たれた状態での水循環をいう。」と定義し、また、8月1日を正式に「水の日」と定めています。こうした理念を広く普及する施策を推進するために内閣官房に「水循環政策本部」が置かれ、その進捗状況を見守るために、5年に一度「水循環基本計画」が作られることとなっています。

こうした行政の動きを見守るため、議員立法で水循環基本法を作った国会議員の面々が法案成立施行後も引き続き超党派で「水制度改革議員連盟」として活動を続けていて、その下に多様なステークホルダー等による水循環基本法フォローアップ委員会が置かれています。広報分科会、水循環基本計画分科会、地下水分科会に分かれて水循環基本法の理念が水循環政策本部を通じてより実体化されるように、議員連盟と共に活動を続けています。

一方、国連では2015年に「持続可能な開発のための2030アジェンダ」を全会一致で採択し、その中には17の目標からなる「持続可能な開発目標（SDGs）」が定められていて、

SDG6に飲料水や衛生、水質、水利用効率改善、統合的水資源管理などが掲げられています。

SDGsに先立つ2000年の「ミレニアム宣言」に基づいた「ミレニアム開発目標（MDGs）」には、安全な水や改善された衛生設備（トイレ）へのアクセスがない人口割合を半減する、という目標がありました。MDGsは現実的な目標を掲げたこともあってか、世界人口が約53億人であった1990年にはその約24%にあたる13億人の人々が改善されていない水源からの水を飲んでいたところ、世界人口が約69億人に増えた2010年までに20億人以上の人々が改善された水源の水を飲めるようになり、改善されていない水源からの水を飲む7・8億人が占める割合は11%となって、24%の半減に相当する12%を下回り、MDGが達成されました。飲み水に関する目標が想定よりも5年も前倒しで達成されたのには、先進諸国からの水に関する途上国援助額が2000年に比べて2005年には倍増されたのも貢献しているでしょうが、特に、この1990年から2010年の間には人口の多い2つの超大国、中国において水道を利用しやすい都市へと農村から人口が流入したり、インドの農村部でアクセスが大幅に改善されたりした寄与が大きいと考えられます。

途上国への開発援助に重点が置かれていたMDGsに対し、先進国の国内格差も視野に置き、誰一人取り残さず「我々がそうであって欲しいと願う未来」を実現しようという、いわば誰一人文句の言えない大義名分がＳＤＧｓです。強いて指摘するならば、ＳＤＧｓでは物質的、現世的な御利益の追求に重点が置かれていて、精神的な豊かさや心の安寧が目標として明確には掲げられていません。これに関しても、ＳＤＧ３や「持続可能な開発のための２０３０アジェンダ」本文に繰り返し出てくる「well-being（幸福度）」という言葉や「文化的多様性の尊重」にそうした非物質的な価値の追求が集約されているとみなすべきでしょう。

また、過去の推移に照らして実現可能な目標が掲げられていたＭＤＧｓとは異なり、ＳＤＧｓでは「あらゆる場所のあらゆる形態の貧困を終わらせる」といった理想主義的な目標が設定されており、同じ２０１５年に採択された気候変動対策に関するパリ協定と同様、その達成にはかなりの困難が想定されます。

そうした中で、鍵を握っているのが民間企業によるＳＤＧｓへの取り組みです。ＭＤＧｓ以前に発足した国連グローバルコンパクト（ＵＮＧＣ）が持続可能な開発のための世界経済人会議（ＷＢＣＳＤ）などと共にいち早くＳＤＧｓコンパス（指針）を発表しているように、先進的な企業群の取り組みは一般市民社会よりもむしろ先を走っています。

グローバルなビジネスの共通言語として、ＥＳＧ（環境・社会・企業統治）投資に対して集約すべき非財務情報一覧として、あるいは企業価値を毀損しないリスクマネジメントのためのチェックリストとしてＳＤＧｓは大いに役立つことと思われますし、ＳＤＧｓへの取り組みが慈善事業や寄付行為などのコストではなく、将来への投資として経営に統合されていくのが望ましいと期待されます。人の命とは違って、寿命に限りのない企業が遠い将来も視野に入れるのが当たり前の時代が来ているのだと思います。

ＳＤＧ６では、ＭＤＧｓの継承として安全な水へのアクセスが最初に出てきますが、ターゲット６・１は「２０３０年までに、すべての人々の、安全で安価な飲料水の普遍的かつ衡平なアクセスを達成する」となっていて、単に安全であるばかりではなく、安価であることも謳われています。また、ターゲット６・２の「適切かつ平等な下水施設・衛生施設へのアクセス」についても、進捗を測る指標６・２・１は「石鹸と水による手洗い施設を含んだ安全に管理された衛生サービスを利用している人口割合」となっていて、手洗いの重要さが前面に出ています。

さらに、ターゲット６・３ではＭＤＧｓでは考慮されていなかった水質の問題が取り上げられ、ターゲット６・４では水利用効率の向上がうたわれています。ターゲット６・５は統合的水資源管理と国際河川や国際帯水層の利用に関する国家間協調となっていて、ターゲット６・６は水系生態系の保全です。このように、どちらかというと最貧国の最低限の水に対する需要を満たそうとしていたMDGsに対し、SDGsでは先進国も含めて、水に対する現状の課題とその解決へ向けて必要と考えられる取り組み、その進捗具合を測る指標が示されており、日本の各地域での水課題の解決を考えるのにも役立つ枠組みです。

SDGsはようやく日本でも知名度が上がりつつあるところですが、水は途上国の問題だと看過するのではなく、先進国も含めた普遍的な課題だと認識して我々市民が自分たちの水に対する関心をもっと高め、その持続可能な利用と、水の災いの軽減の実現に向かって様々な工夫ができるようになると良いと願っています。

この本は姜益俊先生が企画した九州大学での水をテーマとした一連の講義の内容をとりまとめたものです。そのため、同じような内容で少し数字が違っていたりする部分もありますが、それは、水をめぐる世界情勢が目まぐるしく変わりつつある現状の反映です。逆に、幅広い分野の講師による講義の内容がコンパクトにまとめられているので、地理学、地球物理学、農学、林学、地学、法学、生物学、工学など極めて多岐にわたる水をめぐる学問がよく俯瞰できることと思います。さらには、政府や地方自治体だけではなく、研究者や企業が水問題の解決に向けてどのように取り組んでいるのか、本書を読むとよくおわかりいただけると思います。

当初は各講師の先生方の講義録といった趣でしたが、九州大学出版会と姜先生のご尽力でこのように読みやすい本となりました。関係者の皆様のご尽力に深く感謝の意を表します。

東京大学　沖　大幹

執筆者一覧

◆編著者

沖　大幹（おき　たいかん）　第1章、あとがき

東京大学生産技術研究所教授。博士（工学、東京大学）、気象予報士。1989年、東京大学大学院工学系研究科修了。東京大学助手、同講師等を経て2006年より現職。2016年より国連大学上級副学長、国際連合事務次長補を兼務。2017年より総長特別参与。専門は土木工学で、特に水文学《すいもんがく》、地球規模の水循環と世界の水資源に関する研究。気候変動に関わる政府間パネル第5次報告書統括執筆責任者、国土審議会委員ほかを務める。著書に『水の未来』（岩波書店、2016年）、『水危機　ほんとうの話』（新潮社、2012年）、『水の世界地図（第2版）』（監訳、丸善出版、2011年）など。生態学琵琶湖賞、日経地球環境技術賞、日本学士院学術奨励賞など表彰多数。水文学部門で日本人初のアメリカ地球物理学連合フェロー（2014年）。

姜　益俊（かん　いつじゅん）　まえがき、第6章、第8章

九州大学留学生センター准教授。博士（農学、九州大学）。1995年、韓国国立忠南大学自然科学部を卒業。1997年、九州大学大学院生物資源環境科学研究科に留学し、環境汚染物質の内分泌かく乱作用の影響を調べる研究を行った。2003年に学位を取得し、株式会社正興電機製作所に入社。研究開発や海外の技術営業などを経験した後、2007年、産学共同研

究を目的とした九州大学大学院農学研究院寄付講座・客員准教授に就任。同研究院准教授を経て２０１５年より現職。著書に『社会人になる前に読んでおきたい！ ビジネスコミュニケーション』（共著、九州大学出版会、２０１５年）、Atmospheric and Biological Environmental Monitoring（共著、Springer、２００８年）、Ecotoxicology of Antifouling Biocides（共著、Springer、２００８年）など。

◆執筆者（五十音順）

芦刈俊彦（あしかり　としひこ）　第10章

サントリーグローバルイノベーションセンター㈱専任上席研究員。博士（工学、大阪大学）。

１９８１年、大阪大学大学院工学研究科修士課程を修了し、サントリー㈱入社。サントリー㈱応用生物研究室、サントリー㈱先進技術研究所所長、サントリービジネスエキスパート㈱水科学研究所所長を経て現職。

井田徹治（いだ　てつじ）　第３章

共同通信社編集委員・論説委員。

１９８３年、東京大学文学部を卒業し、共同通信社に入社。科学部記者、ワシントン支局特派員などを経て現職。気候変動枠組み条約締約国会議、ワシントン条約締約国会議、生物多様性条約締約国会議など多くの国際会議を取材し、世界各国での環境破壊の現状や環境保全、自然保護の取り組みなどを発信している。著書に『霊長類―消えゆく森の番人』（岩波書店、２０１７年）、『環境負債―次世代にこれ以上ツケを回さないために』（筑摩書房、２０１２年）、『見えない巨大水脈　地下水の科学』（講談社、２００９年）など。

大槻恭一（おおつき　きょういち）　第2章

九州大学大学院農学研究院教授。農学博士（京都大学）。1986年、京都大学大学院農学研究科単位取得後退学。香川大学農学部助教授、鳥取大学乾燥地研究センター助教授、九州大学農学研究院助教授を経て2005年より現職。著書に『地域環境水文学』（共著、朝倉書店、2016年）、『森林水文学』（森林水文学編集委員会 編、森北出版、2007年）、『局地気象学』（共編、森北出版、2004年）など。

尾崎彰則（おざき　あきのり）　第9章

九州大学熱帯農学研究センター助教。博士（農学、九州大学）。2006年、九州大学大学院生物資源環境科学府博士後期課程修了。学位取得後、日本学術振興会特別研究員（PD）、九州大学農学研究院特任助教、JICA草の根技術協力事業バングラデシュ現地調整員を経て現職。

凌　祥之（しのぎ　よしゆき）　第4章

九州大学大学院農学研究院教授。博士（農学、九州大学）。独立行政法人 農業・食品産業技術総合研究機構 農村工学研究所 農地整備部研究室長を経て、2010年より現職。著書に『地域環境水利学』（共著、朝倉書店、2017年）、『東アジア・東南アジアにおける農林水産業の持続的発展に資する生産基盤の環境保全と持続的開発』（共著、花書院、2015年）など。

西谷　斉（にしたに　ひとし）　第5章

近畿大学法学部准教授。

２００５年、中央大学大学院法学研究科博士後期課程単位取得退学。近畿大学法学部講師を経て２００９年より現職。著書に『法学―沖縄法律事情』（共著、沖縄新報社、２００５年）、判例集に『国際法基本判例50（第2版）』（共著、三省堂、２０１４年）、論文に「国家の一方的行為と国際司法裁判所による法形成」浅田正彦・加藤信行・酒井啓亘 編『国際裁判と現代国際法の展開』（三省堂、２０１４年）など。

平松和昭（ひらまつ　かずあき）　第7章

九州大学大学院農学研究院教授。農学博士（九州大学）。

１９８６年、九州大学大学院農学研究科博士後期課程修了。九州大学農学部助手、九州大学大学院農学研究院助教授を経て２００５年より現職。著書に『東アジア・東南アジアにおける農林水産業の持続的発展に資する生産基盤の環境保全と持続的開発』（共著、花書院、２０１５年）など。

Abiar Rahman（アビアル・ラフマン）　第9章

Bangabandhu Sheikh Mujibur Rahman Agricultural University 教授。博士（理学、九州大学）。

Bangabandhu Sheikh Mujibur Rahman Agricultural University 講師を経て現職。

Lee Sangho（李　相浩、リ　サンホ）　第8章

釜慶大学工学部教授。博士（工学、ソウル大学）。

韓国水資源公社勤務を経て１９９６年、釜慶大学工学部講師。同准教授を経て２００７年より現職。

知《し》っておきたい水問題《みずもんだい》

2017年9月20日　初版発行

編著者　沖　大幹・姜　益俊

発行者　五十川　直行

発行所　一般財団法人 九州大学出版会

〒814-0001 福岡市早良区百道浜3-8-34

九州大学産学官連携イノベーションプラザ305

電話　092-833-9150

URL　http://kup.or.jp/

編集・制作／本郷尚子

印刷・製本／シナノ書籍印刷㈱

ISBN978-4-7985-0192-5